U0158538

劉操南（1917.12.13—1998.3.29）

（攝於20世紀70年代）

1951年2月在華東人民革命大學政治研究院學習畢業照，后排左三爲劉操南先生

劉操南在揖曹軒書齋伏案疾書

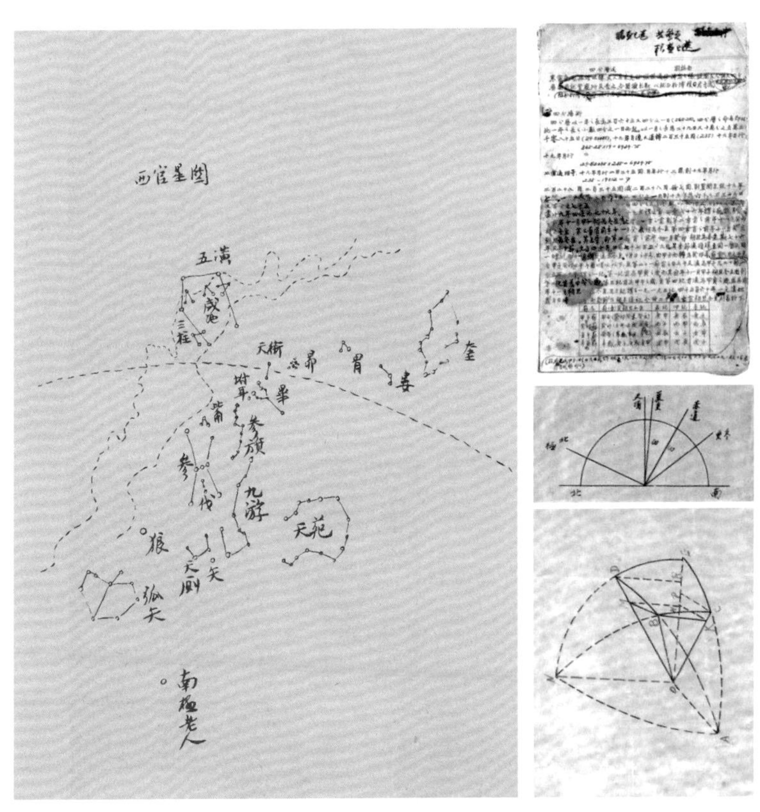

劉操南先生早年的論文稿、古代天文曆算數學方位示意圖以及手繪天象圖

劉操南與書法家費再山先生詩詞唱和

劉操南與夫人尤冰清及孫子昭明（1993 年攝於花園北村家中）

照片由劉操南先生之子劉文涵教授策劃編制

求每日躔差及先後率　求定气　求朔弦望盈朒大小餘　三項均用二次差内插法求之，此法麟德厤是沿用皇極厤的。

今用幾何叠形解釋如次。

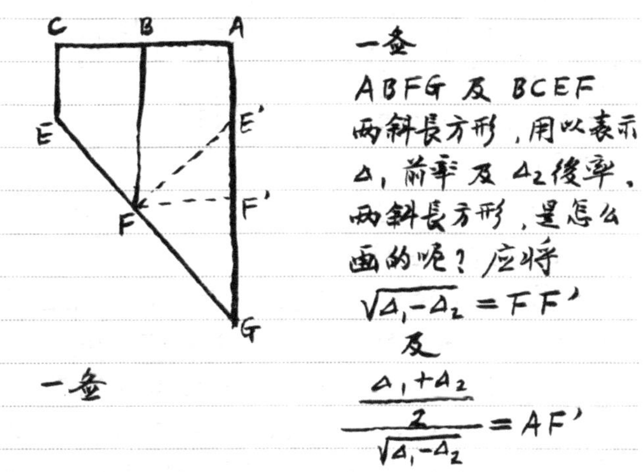

一叠

ABFG 及 BCEF 兩斜長方形，用以表示 Δ_1 前率及 Δ_2 後率。兩斜長方形，是怎么画的呢？应将

$$\sqrt{\Delta_1-\Delta_2}=FF'$$

及

$$\frac{\frac{\Delta_1+\Delta_2}{2}}{\sqrt{\Delta_1-\Delta_2}}=AF'$$

既得 FF′及AF′，就可画出一叠。

今将斜長方形 BCEF，以BF为軸，向右迴轉180°，与斜長方形 ABFG相重，令CE直線，重於 AE′，則由二叠可以推知長方形

$$ABFF'=\frac{\Delta_1+\Delta_2}{2}$$

又漸遲，至夏至時復最舒。舒極漸速，至秋分而再及中。及中而後漸急，以至冬至，周而復始。急極而寒若，舒極而燠若，及中而兩暘之氣交。這自然現象，用數字說明，也即自然之數。"寒若""燠若"，詞出尚书洪範，即天氣寒，天氣热的意思。"兩暘"，猶说陰晴或陰陽。

焯術於春分前一日最急，後一日最舒。秋分前一日最舒，後一日最急。舒急同于二至，而中间一日平行，其說非是。當以二十四氣晷景，考日躔盈縮，而密於加時。

今将刘焯《皇極曆》中節恒氣日數及躔衰表節述如次。中節的恒氣日數为：

$$\frac{\frac{\text{歲數}}{\text{日氣法}}}{24\text{氣}}=\frac{\frac{1703646665}{46644}}{24}=15\frac{10192\frac{37}{48}}{46644}$$

躔衰表節録如下：

冬至十一月中	增二十八	夏至五月中	增二十八
小寒十二月節	〃二十四	小暑六月節	〃二十四
大寒十二月中	〃二十	大暑六月中	〃二十
立春正月節	〃二十	立秋七月節	〃二十
雨水正月中	〃二十四	處暑七月中	〃二十四

《古代曆算資料詮釋》手稿

劉操南全集

古代曆算資料詮釋

中

劉操南 著

浙江大學出版社
ZHEJIANG UNIVERSITY PRESS

目　録

唐傅仁均崔善爲戊寅麻資料

戊寅麻術　唐書舊唐書

唐李淳風麟德麻

麟德麻術　唐書舊唐書

五、

戊寅麻

戊寅麻上元戊寅歲至武德九年丙戌，積十六萬四千三百四十八算外。

章歲六百七十六 亦名行分法

章闰二百四十九

章月八千三百六十一

月法三十八萬四千七十五

日法萬三千六

時法六千五百三

度法氣法九千四百六十四

氣時法千一百八十三

歲分三百四十五萬六千六百七十五

歲餘二千三百一十五。

周分三百四十五萬六千八百四十五半

斗分一千四百八十五半

没分七萬六千八百一十五

没法千一百三

麻日二十七麻餘萬六千六十四

麻周七十九萬八千二百

麻法二萬八千九百六十八

餘數四萬九千六百三十五

章月數值与皇極麻同。

以日法 13006，除月法 384075，

得 $29^{日}\frac{6901}{13006}=29^{日}.5306$

2 除日法，得時法 6503

8 除度法，或气法 9464，得气时法 1183

以气法除歲分 3456675，

得 $365^{日}\frac{2315}{9464}=365^{日}.2446$

分子 2315 称为歲餘

以度法除周分 3456845.5

得 $365^{\circ}\frac{2485.5}{9464}$

分子 2485.5，称为斗分。

周分－歲分＝150.5 为歲差分

以最大公約數 45，除餘數 49635，得沒法 1103；除歲分 3456675，得沒分 76815；以厤法 28968，除厤周 798200，

得 $27^{日}\frac{16064}{28968}$。整日数 27日，称为厤日；分子 16064，称为厤餘。这是迟疾厤一周的日数。以气法 9464，乘 360，以减歲分，得餘數 49635。

章月乘年，如章歲得一為積月。以月法乘積月，如日法得一為朔積日。餘為小餘，日滿六十去之，餘為大餘，命甲子算外，得天正平朔。加餘二十九，小餘六千九百一得次朔，加平朔大餘七，小餘四千九百七十六，小分四之三，為上弦，又加得望，又加得下弦。餘數乘年，如氣法得一為氣積日。命日如前得冬至，加大餘十五，小餘二千六十八，小分八之一，得次氣日。

推積月　推朔　求次朔　求弦望　推冬至　求次氣六項可參攷景初以下諸曆。

加四季之節，大餘十二，小餘千六百五十四，小分四，得土王。凡節氣小餘三之，以氣時法而一，命子半算外，各其加時。置冬至小餘八之，減沒分，餘滿沒法為日，加冬至去朔日算，依月大小去之，日不滿月算，得沒日。餘分盡為減，加日六十九，餘七百八，得次沒。為減減當為滅之譌

四季之節，古曆規定，如中氣不移後，中氣应在月中，節氣应在月初。例如：冬至在仲冬月中，小寒在季冬月初。土王用事，前屢述

之。詳於皇極麻。起在冬至後二十七日餘，与即小寒後十二日餘。戊寅麻常气小餘，為

$\frac{2068\frac{1}{8}}{9464}$ 此數改為加时辰刻，須用12辰，乘之，即

$$\frac{3\times 2068\frac{1}{8}}{2366}=\frac{3\times 1034\frac{1}{16}}{1183}$$

命子半為起标点，即得各气加时。

以15除冬至小餘，所得為一日的沒餘分；以360乘之，约等于一年的沒餘分。即

$$\frac{2068\frac{1}{8}}{15}360=\frac{2068\frac{1}{8}}{15}45\times 8$$

所謂"置冬至小餘，八之"，就是用45，除一年的沒餘分。以之減用45约冬的沒餘分76815，得60270。後以沒法除之，得

$54日\frac{708}{1103}$，再加冬至去朔日衍，棄去或大或小若干，至日數不滿一整月，得沒日。若无日餘，所謂"餘分尽"则该沒日，稱為滅日。如求次沒，则用

$\frac{76815}{1103}=69日\frac{708}{1103}$ 加入前沒即得。

衍文："為減"，減当為滅之譌。

二十四氣	損益率	盈缩數
冬至	益八百九十六	盈空
小寒	益三百九十八	盈八百九十
大寒	益四百	盈千二百九十四
立春	益二百二十	盈千六百九十四
啟蟄	益三百四十	盈千九百二十二
雨水	益四百五十	盈二千二百六十三
春分	損五百	盈二千七百一十三
清明	損四百五十五	盈二千二百一十三
穀雨	損三百五十五	盈千七百五十八
立夏	損五百五十五	盈千四百三
小滿	損八百四十八	盈八百四十八
芒種	益七百三十九	缩初
夏至	益六百二十六	缩七百三十九
小暑	益四百五十六	缩千三百六十五
大暑	益二百八十八	缩千八百二十一
立秋	益四十	缩二千一百九
處暑	益三百四十二	缩二千一百四十九
白露	益四百五十五	缩二千四百九十一
秋分	損六百八十二	缩二千九百四十六
寒露	損六百二十五	缩二千二百六十四
霜降	損五百七十	缩千六百三十九

立冬　損五百一十三　縮千之十九
小雪　損四百五十之　縮五百五十之
大雪　損百　　　　　縮百

二十四氣、損益率及盈缩數三項组成的日躔表，和大業厤相似。但内容不同。大業厤以為盈，戊寅厤則以為縮；戊寅厤以為缩，大業厤則以為盈。盈缩適反。

以平朔弦望入氣日算，乘損益率，如十五得一，以損益盈缩數為定盈缩分，凡不盡半法已上，亦從一。以厤法，乘朔積日，满厤周去之，餘如厤法得一為日。命日算外，得天正平朔夜半入厤日及餘。

求平朔弦望入氣日術，与大業厤同。

次日加一累而裁之。若以萬四千四百八十四，乘平朔小餘，如之千五百三而一，不盡為小分，以加夜半入厤日，加之，满厤日及餘去之，得平朔加時，所入加厤日七，餘萬一千八十四，小分三千九百九十五，命如前，得上弦。又加得望、下弦及後朔。

入迟疾麻及求次日，与大業麻同。

如求平朔加时入麻，先以之约日法与麻法，用分数 $\frac{14484}{6503}$ 乘平朔小餘，除不尽数，称为小分。和夜半入麻日，相加。如满麻日及餘，则乘去之，得平朔加时入麻。

如求弦望，则加入麻日7，并以

$$\frac{14484}{6503}\times 4776\frac{3}{4}=11084\frac{3995}{6503}$$

得上弦。两倍此数，得望。三倍，得下弦。四倍之，得月朔。

麻日	行分	損益率	盈缩積分
一日	九千九百九	益三百九十二	盈初
二日	九千八百一十	益三百四十七	盈二千一百四十四萬一千二百二十六
三日	九千六百九十五	益二百九十五	盈二千一百三十九萬四千八百五十八
四日	九千五百六十三	益二百三十六	盈二千九百九十五萬二千八百四
五日	九千四百一十四	益百六十九	盈三千六百七十九萬三千九百五十
六日	九千二百六十六	益百三	盈四千一百六十九萬七千二百七
七日	九千一百一十八	益三十六	盈四千四百六十七萬三千五百七十五
八日	八千九百五十三	損三十八	盈四千五百七十二萬九千五十五
九日	八千七百八十八	損百一十二	盈四千四百六十三萬六千五百五十七
十日	八千六百四十	損百七十八	盈四千一百三十九萬八千六十八
十一日	八千五百八	損二百三十八	盈三千六百三十二萬四千六百九十二

十二日	八千三百九十二	損二百九十	盈	二千九百三十五萬四千五百二十八
十三日	八千二百七十七	損三百四十一	盈	二千九十六萬五千六百六十
十四日	八千一百七十八	損三百八十六	盈	千一百八萬一千一百六
十五日	八千二百一十一	益三百七十一	缩	九萬一千四十三
十六日	八千三百一十	益三百二十六	缩	千八十三萬四千四
十七日	八千四百二十五	益二百一十五	缩	二千二十八萬九千三百七十二
十八日	八千五百五十五	益二百一十六	缩	二千八百二十三萬九千五十
十九日	八千六百八十九	益百五十六	缩	三千四百四十九萬一千九百三十六
二十日	八千八百三十七	益九十	缩	三千九百一萬八千三十
二十一日	八千九百八十六	益二十三	缩	四千一百六十一萬九千二百三十五
二十二日	九千一百五十一	損五十一	缩	四千二百二十八萬二千五百四十七
二十三日	九千二百九十九	損一百一十八	缩	四千七百九萬九千八百五十七
二十四日	九千四百四十七	損百八十四	缩	三千七百三十九萬二千二百七十九
二十五日	九千五百七十八	損二百四十三	缩	三千二百五十萬九千八百一十四
二十六日	九千七百一十	損三百二	缩	二千五百二萬三千五百六十二
二十七日	九千八百九	損三百四十七	缩	千六百二十九萬五千百一十八
二十八日	九千八百九十一	損三百八十三	缩	六百二十二萬九千八百八十

厤日、行分、損益率、盈缩積分四項组成迟疾厤表。

行分以章歲為分母，故章歲亦稱行分法。戊寅厤的法數章歲、章闰、章月都用皇極厤。故月的日平均，知為 $13\frac{249}{676}$，月日平均的章歲分為 9037。

例如：9037 減一日下 9909，得 872，以為益率，更將

$$益率\frac{日法}{麻法}=872\frac{6503}{14484}$$
$$=392$$

这是以日法為分母的益率，更以 872×日法 13006，得二日下盈積分 11341232；或以麻法 28968×392，亦得盈積分 11355456，此數与前不符，由於四捨五入之故。

以上計算，和大明麻同。

麻行分与次日，相減為行差。後多為進，後少為退，減去行分六百七十六為差法。

麻行分和次日麻行分，相減為行差。後多為進，後少為退。从麻行分減行分法 676，称為差法。

各置平朔、弦望加時入麻日餘，乘所入日損益率，以損益其下積分差法，除為定盈縮積分，置平朔弦望小餘，各以入氣積分，盈加縮減之，以入麻積分，盈減縮加之，滿若不足進退日法，皆為定大小餘。

推朔望加時定日及小餘，与大業麻约畧

相同。先作比例式：

1日：入麻日損益率＝平朔弦望加時入麻日餘：相当損益數乂

以乂損益其下盈缩積分，命为加時盈缩，次作第二比例式：

差法：加时盈缩＝1日：相当日餘乂'

乂'戊寅麻称为"定盈缩積分"。於是将平朔弦望小餘，参考日躔表所推入氣盈缩積分，盈加缩减；復以计标入麻盈缩積分，盈减缩加。命日以甲子标外，即得朔弦望定大小餘。若加减时満若不足，以日法進退其日。

入气盈缩積分，可直接用以加减平朔弦望小餘。因为日的平均速度，为日行一度，故日的度餘分，即日餘分。

命日甲子算外，以歲分乘年為積分，滿周分去之，餘如度法得一為度。命以虛六經斗去分，得冬至日度及分，以冬至去朔日算及分减之，得天正平朔前夜半日度及分。以小分法十四約度分為行分，凡小分滿法成行分，行分滿法成度。若注麻又以二十之約行分，日月準此，斗分百七十七，小分七半。累加一度得次日。

推日度術与大業厤同。

度法 9464＝14×行分法 676，

676＝26×26

$$\frac{\text{度分}}{\text{度法}}=\frac{\text{行分}\frac{\text{剩余}}{14}}{676}$$，若註厤，則

$$\frac{\text{行分}\frac{\text{剩余}}{14}}{26\times26}=\text{除出数}\frac{\text{不尽数}\frac{\text{剩余}}{14}}{\frac{26}{26}}$$

如斗分 2485.5，改用行分法為分母，則得

$$\frac{177\frac{7.5}{14}}{676}$$

以行分法乘朔望定小餘，以九百二十九除為度分，又以十四約為行分，以加夜半度為朔望加時日度，定朔加時日月同度，望則因加日度百八十二，行分四百二十大，小分十太，以夜半入厤日餘乘行差，滿厤法得一，以進加退，減厤行分，為行定分，以朔定小餘乘之，滿日法得一為行分，以減加時月度為朔望夜半月度。求次日，加月行定分累之。

求朔望夜半日度加時日所在度　求望加時月所在度　求月行迟疾日行定分　推朔望夜月定度及求次日

已知度法＝14×行分法＝14×676

日法＝14×929

大業麻的轉分、轉差、轉定分、周法与戊寅麻的行分、行差、行定分、麻法相当。四个项目的计标法两麻全同。

歲星率三百七十七萬五千二十三　終日三百九十八，行分五百九十六，小分七。　平見入冬至初日減行分五千四百一十一，自後日損所減百二十分，立春初日增所加六十分，春分均加四日，清明畢穀雨均加五日，立夏畢大暑均加六日，立秋初日加四千八十分，乃日損所加六十七分，入寒露日增所減百一十七分，入小雪畢，大雪均減八日初見，順日行百七十一分，日益遲一分，百一十四日行十九度二百九分而留，二十六日乃退，日九十七分，八十四日退十二度三十六分，又留二十五日，五百九十六分，小分七，凡五星留日有分者，以初定見日分加之，若滿行分法去之，又增一日。

乃順初日行六十分，日益疾一分百一十四日行十九度四百三十七分而伏。

歲星率　歲星終日　歲星平見　歲星初見

以度法　9464 除歲星率　3795-022，

得 $398^{日}\frac{8351}{9464}=398^{日}\frac{596\frac{7}{14}}{676}$。

熒惑率、熒惑終日、填星率、鎮星終日計算仿此。

金水二星的率和終日，在同樣計算下，金星晨夕終日 $585^{日}\frac{620\frac{8}{14}}{676}$ 分為

晨見伏 $327^{日}\frac{620\frac{8}{14}}{676}$ 及夕見伏 256日。

水星晨夕終日 $115^{日}\frac{594\frac{7}{14}}{676}$ 分為

晨見伏 $63^{日}\frac{594\frac{7}{14}}{676}$ 及夕見伏 52日。

至於平見、初見，歲星、熒惑、鎮星三者術文記述體裁相同。金、水二星並將平見、初見分為晨平見和夕平見及晨初見和夕初見。

火星的平見、初見，最為複雜。皇極曆的實測及其理論的探索，較為詳盡。大業曆大同小異，敘述次序，雖稍不同。皇極曆中已有詮釋，舉一反三，此不贅述。

熒惑率七百三十八萬一千二百二十三　終日七百七十九，行分之百二十六，小分三。　平見入冬至初日減萬之千三百五十四分，乃日損所減五

五百四十五分，入大寒日增所加四百二十六分，入雨水後，均加二十九日，立夏初日加萬九千三百九十二分，乃日損所加二百一十三分，入立秋初，依平入處暑，日增所減百八十四分，入小雪後，均減二十五日，初見入冬至初率二百四十一日，行百六十三度，自後二日損日度各一，自百二十八日率百七十七日，行九十九度畢，百六十一日，又三日，損一，盡百八十二日率百七十日，行九十二度畢，百八十八日，乃三日益一，盡二百二十七日，率百八十三日，行百五度，又二日益一盡二百四十九日，率百九十四日，行百一十六度，又每日益一盡二百一十日，率二百五十五日，行百七十七度畢，三百三十七日，乃二日損一，盡大雪，復初見，入小雪，後三日，去日率一，入雨水畢，立夏均去日率二十，自後三日，減所去一日畢，小暑依平為定日率。若入處暑畢秋分皆去度率之，各依冬至後日數，而損益之。又依所入之氣以減之，為前疾日度率。若初行入大寒畢，大暑皆差行，日益遲一分，其餘皆平行。若入白露畢，秋分初，遲日行半度四十日行二十度。即去日率四十度，率二十，則爲半度之行訖，然後求平行分，續之以行分法，乘度定率，如日定率而一，爲平行分，不盡爲小分，求差行者，減日率一，又半之，加平行分，爲初日行分。

各盡其日度，而遲。初日行三百二十六分，日益遲一分半，六十日行二十五度五分。其前疾去度六者，行三十一度五分，此遲初日，加六十七分，小分六十分之三十六。

而留十三日，前疾去日者分日於二留奇從後留乃退日，百九十二分，六十日，退十七度二十分，又留十二日，六百二十六分，小分三，又順後遲，初日行二百三十八分，日益疾一分半，六十日行二十五度三十五分此遲在立秋，至秋分者，加六度，行三十一度三十五分，此遲初日加行分六十七，小分六十分之三十六。而後疾，入冬至初率二百一十四日，行百三十六度，乃每日損一盡三十七日，率百七十七日，行九十九度，又二日損一盡五十七日，率百六十七日，行八十九度畢，七十九日又日益一，盡百三十日，率百八十四日行百六度，又二日益一，盡百四十四日，率百九十一日，行百一十三度，又每日益一，盡百九十日，率二百三十七日，行百七十九度，又每日益一，盡二百一十日，率二百六十七日，行百八十九度畢，二百五十九日，乃二日損一畢，大雪復初後遲加六度者，此後疾，去度率之，為定各依，冬至後日數而損益之，為後疾日度率。若入立夏畢，夏至日行半度盡六十日，行三十度，若入小暑畢，大暑盡四十日，行二十度。皆去日度率則為半度之行訖，然後求平行分續之。各盡其日度而伏。

鎮星率三百五十七萬八千二百四十六

終日三百七十八，行分六十一。平見入冬至初日減四千八百一十四分，乃日增所減七十九分，小寒均減九日，乃每氣損所減一日，入夏至初日，均減二日，自後十日，損所減一日。小暑五日外，依平入大暑，日增所加百八十一分，入處暑均加九日，入白露初日，加六千二分，乃日損所加百三十三分，入霜降日增所減七十九分，初見順日行六十分，八十三日行七度，二百四十八分而留，三十八日乃退，日四十一分。百日退六度四十四分，又留，三十七日六十一分，乃順日行，六十分八十三日行七度二百四十八分而伏。

太白率五百五十二萬之千二百　終日五百八十三，行分之百二十，小分八。　晨見伏三百二十七日，行分之百二十，小分八　夕見伏二百五十之日　晨平見入冬至依平入小寒日增所加之十六分，入立春畢，立夏均加三日，小滿初日加千九百之十四分，乃日損所加之十分，入夏至依平入小暑日增所減之十分，入立秋畢，立冬均減三日，小雪初日減千九百之十四分，乃日損所減之十六分，初見乃退日半度十日退五度而留。九日乃順遲差行，日益疾八分，四十日行三十度，入大雪畢，小滿者，依此入芒種，十日減一度，入小暑畢，霜降均減三度，入立冬，十日損所減一度畢，小雪皆爲定度。以行分法，乘定度四十，除爲平行分，又以四乘三十九，以減平行，爲初日行分。平行日一度，十五日行十五度，入小寒十日，益日度各一，入雨水後，皆二十一日行二十一度。入春分後十日，減一畢。立夏依平。入小滿後六日，減一畢，立秋日度，皆盡，無平行。入霜降後四日，加一畢。大雪依平。疾百七十日，行二百四度。前順遲減度者，计所減之數，以益此度為定。而晨伏，夕平見，入冬至日增所減百分。入啟蟄畢，春分均減九日。清明初日減五千九百八十六分，乃日損所減百分。入芒種依平。入夏至日，增所加百分。入處暑畢。秋分均加九日。寒露初日加五千九百八十之分，乃日損所減百分。入大雪依平。初見順疾百七十日，行二百四度。入冬至畢，立夏者依此。入小滿之日，加一度。入夏至畢。小暑均加五度。入大暑，三日減一度。入立秋畢，大雪依平。從白露畢。春分皆差行日益疾一分半。以一分半乘百之十九而半之，以加平行，為初日行分。入清明畢。於處暑，皆平行。乃平行日一度，十五日行十五度。入冬至後十日，減日度各一。入啟蟄畢。芒種皆九日，行九度。入夏至後五日，益一。入大暑依平。入立秋後之日，加一畢。秋分二十五日行二十五度。入寒露之日，減一。入大雪依平，順遲，日益遲八分，四十日行三十度。前加度者，此依數減之。又留。

九日，乃退，日半度。十日退五度，而夕伏。

辰星率百九萬六千六百八十三　終日百一十五，行分五百九十四，小分七。　晨見伏六十三日，行分五百九十四，小分七。　夕見伏五十二日。

晨平見入冬至，均減四日，入小寒依平。入立春後均減三日。入雨水畢。立夏應見不見。其在啟蟄、立夏氣内，去日十八度外，三十六度内，晨有木火土金一星者，亦見。

入小滿依平。入霜降畢，立冬均加一日。入小雪，至大雪十二日依平。若在大雪十三日後日增所減一日，初見留，立六日順遲日行百六十九分，入大寒畢。啟蟄無此遲行。乃平行日一度。十日行十度。入大寒後二日，去日度各一畢，於二十日，日度俱盡，無此平行，疾日行一度六百九分，十日行十九度六分。前無遲行者，此疾，日減二百三分，十日行十六度四分。

而晨伏。夕平見入冬至後依平。入穀雨畢。芒種均減二日。入夏至依平。入立秋畢。霜降應見不見。其在立秋、霜降氣内，夕有星去日如前者亦見。

入立冬畢，大雪依平。初見順疾，日行

一度六百九分，十日行十九度六分。若入小暑畢，處暑日減二百三分，乃平行日一度。十日行十度。入大暑後二日，去日及度各一畢。於二十日，日度俱盡，無此平行。遲日行百六十九分。若疾減二百三分者，即不須此遲行。

又留六日七分而夕伏。

各以星率，去歲積分餘，反以減其率，餘如度法得一，為日，得冬至後晨平見日及分。以冬至去朔日算及分，加之，起天正，依月大小計之，命日算外，得所在日月。金水，各以晨見伏日及分加之，得夕平見。各以其星初日所加減之，分計後日損益之數，以損益之訖，乃以加減平見為定見，其加減分，皆满行分法，為日，以定見去朔日及分，加其朔前夜半日度，又以星初見去日度，歲星十四，太白十一，熒惑、鎮星、辰星皆十七，晨減夕加之，得初見宿度。求次日，各加一日所行度及分。熒惑、太白有小分者，各以日率為母，其行有益疾遲者，副置一日行分，各以其差，疾益遲損，乃加之。

留者，因前退，則依減。伏不注度。順行出斗，去其分，退行入斗，先加分訖。皆以二十之，約行分為度分。

求冬至後星平見日　求星平見所需月及日　求定見日　求星初見宿度　求次日

一二兩項參見皇極曆及以前各曆。

三項"各以星初日所加減之分，計後日損益之數，以損益之。"例如：歲星"平見入冬至初日，減行分五千四百一十一。自後日損所減百二十分"等，以之加減平見日及分，為定見日及分。但其加減分，以行分法為分母。

欲求星初見宿度，先求定見的去朔日及分，以加朔前夜半日度，置之(副)一傍；另置星初見去日度。例如：歲星14°，太白11°，熒惑、鎮星、辰星皆17°，以晨減夕，加其副，得各星初見宿度。

欲求次日星見宿度，則各加一日的行度及分。火金二星，行度有小分时，当各以日率為分母。其行有益疾益迟时，副置一日行分，各以其差，疾益迟損後，与副相加。餘可參攷以前各曆。

交会法千二百七十四萬一千二百五八分　交分法六百三十七萬六百二九分　朔差百八萬

五千四百九十四二分　望分六百九十一萬三千三百五十　交限五百八十二萬七千八百五十五八分　望差五十四萬二千七百四十七一分　外限六百七十六萬七百八十二九分　中限千二百三十五萬一千二十五八分　内限千二百一十九萬一千四百五十八七分

交会法　交分法　朔差　望分　交限　望差　外限　中限　内限　九项是戊寅麻步交会術的法数。

交会法等於交分法的两倍，和大業麻的会通及单数相当。大業麻　由

朔望月＝交点月＋朔差　求出

$13006 \times 36 = 468216$ — 法数

$$\frac{\text{交会法}\ 12741205.8}{468216} = 27^{\text{日}}\frac{99373.8}{468216}$$

為交点月日数，更以朔差 1085494.2 和交会法相加，折半，得望分 6913350。復将

$$\frac{\text{交限}\ 5827855.8}{468216} = 12^{\text{日}}\frac{209263.8}{468216}$$

$$\frac{\text{望差}\ 542747.1}{468216} = 1^{\text{日}}\frac{74531.1}{468216}$$

$$\frac{\text{外限}\ 6760782.9}{468216} = 14^{\text{日}}\frac{205758.9}{468216}$$

$$中限\ \frac{12351025.8}{468216}=26日\frac{177409.8}{468216}$$

$$内限\ \frac{12191458.7}{468216}=26日\frac{12842.7}{468216}$$

這是戊寅麻步交会術各法数的相互关係。以朔差乘積月，满交会法，去之，餘得天正月朔入平交分。求望，以望分加之。求次月，以朔差加之。其朔望，入大雪畢，冬至依平，入小寒日，加氣差千六百五十分，入驚蟄畢，清明均加七萬六千一百分。自後日損所加千六百五十分，入芒種畢。夏至依平，加之，满法去之。若朔交入小寒畢，雨水及立夏畢，小满值盈二時巳下，皆半氣差加之，二時巳上則否。如望差巳下，外限巳上，有星伏，木土去見十日外，火去見四十日外，金晨伏去見二十二日外，有一星者，不加氣差。入小暑後，日增所減千二百分。入白露畢，霜降均減九萬五千八百二十五分，立冬初日減六萬三千三百分。自後日損所減二千一百一十分。減若不足，加法乃減之。餘為定交分。朔入交分，如交限、内限巳上，交分、中限巳下，有星伏如前者不減。

不滿交分法者，爲在外道，滿去之，餘爲在内道，如望差已下，爲去先交分，交限已上，以減交分，餘爲去後交分，皆三日法，約爲時數，望則月食，朔在内道，則日蝕。雖在外道，去交近，亦蝕。在内道，去交遠，亦不蝕。置蝕定小餘入厤一日，減二百八十。若十五日，即加之。十四日，加五百五十。若二十八日，即減之。餘日皆盈加縮減，二百八十爲月蝕。定餘十二乘之，時法而一，命子半筭外，不盡得月蝕加時約定小餘。如夜滿半已下者，退日筭，上置蝕朔定小餘，入厤一日，即減二百八十。若十五日即加之。十四日，加五百五十。若二十八日，即減之，爲定後不入四時加減之限。其内道，春去交四時已上入厤，盈加縮減二百八十。夏盈縮減二百八十。秋去交十一時已下，惟盈加二百八十已上者，盈加五百五十，縮加二百八十。冬去交五時已下，惟盈加二百八十。皆爲定餘十二乘之，時法而一。命子半筭外，不盡爲時餘，副之，仲辰半前，以副減法爲差率，半後退半辰，以法加餘，以副爲差率。季辰半前，以法加副爲差率。半後退半辰，以法加餘，倍法加副爲差率。孟辰半前，三因其法，以副減之，餘爲差率，半後退半辰，以法加餘，又以法加副，乃三因其法，以副減之，爲差率。又置去交時數三已下，加三，六已下，加二，九已下，加一，九已上，依數，十二已上，從十二。若季辰半後，孟辰半前，去交六時已上者，皆從其六，六時已下，依數不加。皆乘差率十四，除爲時差，子午半後，以加時餘，卯酉半後，以減時餘加之，渦若不足，進退時法。孟謂寅巳申，仲謂午卯酉，午季謂辰未戌。

得日蝕加時望去交分。冬先後交，皆去二時，春先交，秋後交，去半時。春後交，秋先交，去二時。夏則依定，不足去者，既，乃以三萬六千一百八十三爲法而一，以減十五，餘爲月蝕分朔去交，在内道，五月朔加時在南方，先交十三時交。六月朔後交十三時外者不蝕。啟蟄畢，清明先交，十三時外，值縮加時，在未西，處暑畢，寒露後交十三時外，值盈加時在巳東，皆不蝕。交在外道，先後去交一時内者皆蝕。若二時内，及先交值盈後，交值縮二時外者，亦蝕。夏去交二時内，加時在南方者，亦蝕。若去分至十二時内，去交六時内者，亦蝕。若去春分三日内，後交二時，秋分三日内先交二時内者，亦蝕。諸去交三時内，有星伏，土木去見十日外，火去見四十日外，金晨伏去見二十二日外，有一星者不蝕。各置去交分，秋分後畢，立春均減二十二萬八百分，啟蟄初日畢，芒種日損所減千八百一十分。夏至後畢，白露日增所減二千四百分，以減去交分餘，為不蝕分，不足減反相減為不蝕分，亦以減望差為定法，後交值縮者，直以望差為定法。其不蝕分，大寒畢，立春後交五時外，皆去一時，時差值減者，先交減之，後交加之，時差值加者，先交加之，後交減之。不足減者，皆既十五乘之，定法而一，以減十五，餘為日蝕分。置日月蝕分四已下，因增二，五已下，因增三，六已上，因增五，各為刻率，副之，以乘所入厤損益率四千五十七，為法而一，值盈反其損益，值缩依其損益，皆損益其刻，為定用刻，乃六乘之，十而一，以減蝕甚辰刻，為虧初，又四乘之，十而一，以加食甚辰刻，為復滿。

推入交法　求望　求次月　推交道内外及先後去交術　推食加時術　推日食加时術　求外道日食　求内道日不食法　推月食分　推日食分

諸項与大業厤同。

新唐書所載傅仁均戊寅厤日躔盈缩表諸數錯乱，今將李善蘭麟德厤解所改正，采録列表如次：

中節	損益率	盈缩積
冬至	益 739	盈初
小寒	益 626	盈 739
大寒	益 513	盈 1365
立春	益 400	盈 1878
啟蟄	益 287	盈 2278
雨水	益 174	盈 2565
春分	損 174	盈 2739
清明	損 287	盈 2565
穀雨	損 400	盈 2278
立夏	損 513	盈 1878

小滿	損 626	盈 1365
芒種	損 739	盈 739
夏至	益 739	缩初
小暑	益 626	缩 739
大暑	益 513	缩 1365
立秋	益 400	缩 1878
處暑	益 287	缩 2278
白露	益 174	缩 2565
秋分	損 174	缩 2739
寒露	損 287	缩 2565
霜降	損 400	缩 2278
立冬	損 513	缩 1878
小雪	損 626	缩 1365
大雪	損 739	缩 739

月離盈缩表诸數亦有錯误，可以计祘，逐項订正之。

麟德曆術

高宗時，戊寅曆益疏，淳風作甲子元曆以獻。詔太史起麟德二年頒用，謂之麟德曆。古曆有章蔀，有元紀，有日分、度分，參差不齊。淳風為總法千三百四十以一之。損益中晷術，以考日至。為木渾圖，以測黃道。餘因刘焯皇極曆法，增損所宜。當時以為密。与太史令瞿曇羅所上經緯曆參行。弘道元年十二月甲寅朔，壬午晦，八月詔二年元日用甲申，故進以癸未晦焉。永昌元年十一月改元載初，用周正。以十二月為臘月，建寅月為一月。神功二年，司曆以臘為閏，而前歲之晦，月見東方，太后詔以正月為閏十月。是歲甲子南至，改元聖曆，命瞿曇羅作光宅曆，將用之。三年，罷作光宅曆，復行夏時。終開元十六年。

麟德曆　麟德元年甲子，距上元積二十六萬九千八百八十算。

上元甲子歲距唐高宗麟德元年甲子共積二十六萬九千八百八十年，以六十除之，適盡。麟德元年，未計算在内。

總法千三百四十　朞實四十八萬九千四

常朔實三萬九千五百七十一　加三百六十二曰盈朔實　減三百五十一曰朒朔實

辰率三百三十五

$$\frac{\text{朞實}}{\text{总法}}=\frac{489428}{1340}=365\frac{328}{1340}$$ 為一年日数

$$\frac{\text{常朔実}}{\text{总法}}=\frac{39571}{1340}=29^{日}\frac{711}{1340}$$ 為一月日數

在常朔内加三百七十二為盈朔実，减三百五十一為朒朔実。凡朔、弦、望小餘，均以总法為分母。如將小餘，改為加时，应以12辰乘之，即：

$$12\times\frac{\text{小餘}}{1340}=\frac{3\times\text{小餘}}{335}$$

故335称為辰率。

朞实，《唐書》卷二十六《曆志》"九千四"下脱"百二十八"四字。

朞实是一歲的積分，總法是一日的積分，以总法除朞实，得歲實，即365.2447761；除常朔实，得朔策，即29.53059701。常朔实是一月的積分。常朔猶古之章歲，也即古之月法。朞实猶古之章月，亦古之纪日。总法猶古之日法，也即古之纪法。麟德曆廢古章歲，合日纪二法為总法、朞实、朔实，並五星交轉，統以总法為母。立法巧捷，勝於前人。後来曆家，莫不從之。

以朞實乘積算，爲朞總，如總法得一，爲日，六十去之，命甲子算外，得冬至累加日十五，小餘二百九十二，小分六之五，得次氣，六乘小餘，辰率而一，命子半算外，各其加時，以常朔實，去朞總，不滿爲閏餘，以閏餘，減朞總爲總實，如總法得一，爲日，以減冬至，得天正常朔，又以常朔小餘，并閏餘，以減朞總，爲總實，因常朔，加日二十九，小餘七百一十一，得次朔，加日七，小餘五百一十二太，得上弦，又加得望及下弦。

求冬至　求次氣　求各氣加時　求天正常朔
求总实　求次月朔　求弦望

求冬至方法，可参攷大衍麻步中朔術篇。

麟德麻常氣日數 $15^{日}\frac{292\frac{5}{6}}{1340}$

以之，与冬至大小餘，相加，　得次气日。

以将常气小餘，改以辰率为分母，由前所述，

命子算外，得 $\frac{3\times 292\frac{5}{6}}{335}=\frac{878\frac{1}{2}}{335}$，为其加时。術言：

"六乘小餘"。六疑为三之误。

求天正常朔，先以常朔实若干倍，以减朞

总，减餘如小於常朔实，即為闰餘。又以：

$$\frac{\text{朞总}-\text{闰餘}}{\text{总法}}=\text{日数}+\frac{\text{日餘}}{\text{总法}}$$

以减冬至大小餘，即得天正常朔。

術言："以闰餘减朞总為总实"，為总实三字疑是衍文。以：朞总－常朔小餘，称為总实。又於常朔内加 $29^{日}\frac{711}{1340}$，得次月朔。

如求弦望，先将一月日数 $29^{日}\frac{711}{1340}$，四均分之，得 $7^{日}\frac{512\frac{3}{4}}{1340}$，加入常朔，得上弦；倍之，加入得望；三倍之，加入得下弦。

進綱十六 秋分後　　退紀十七 春分後

中節	躔差率	消息總	先後率	盈朒積
冬至	益七百二十二	息初	先五十四	盈初
小寒	益六百一十八	息七百二十二	先四十六	盈五十四
大寒	益五百一十四	息千三百四十	先三十八	盈百
立春	益五百一十四	息千八百五十四	先三十八	盈百三十八
啟蟄	益六百一十八	息二千三百六十八	先四十六	盈百七十六
雨水	益七百二十二	息二千九百八十六	先五十四	盈二百二十二
春分	損七百二十二	息三千七百八	後五十四	盈二百七十六
清明	損六百一十八	息二千九百八十六	後四十六	盈二百二十二

穀雨	損五百一十四	息二千三百六十八	後三十八	盈百七十六
立夏	損五百一十四	息一千八百五十四	後三十八	盈百三十八
小滿	損六百一十八	息千三百四十	後四十六	盈百
芒種	損七百二十二	息七百二十二	後五十四	盈五十四
夏至	益七百二十二	消初	先五十四	朒初
小暑	益六百一十八	消七百二十二	先四十六	朒五十四
大暑	益五百一十四	消千三百四十	先三十八	朒百
立秋	益五百一十四	消千八百五十四	先三十八	朒百三十八
處暑	益六百一十八	消二千三百六十八	先四十六	朒百七十六
白露	益七百二十二	消二千九百八十六	先五十四	朒二百二十二
秋分	損七百二十二	消三千七百八	後五十四	朒二百七十六
寒露	損六百一十八	消二千九百八十六	後四十六	朒二百二十二
霜降	損五百一十四	消二千三百六十八	後三十八	朒百七十六
立冬	損五百一十四	消千八百五十四	後三十八	朒百三十八
小雪	損六百一十八	消千三百四十	後四十六	朒百
大雪	損七百二十二	消七百二十二	後五十四	朒五十四

進綱、退紀兩詞涵義和皇極曆盈汎、虧總相同。説明已見皇極曆。

中節、躔差率、消息總、先後率、盈朒積为日躔表中要目，与皇極曆的躔表、衰總、陟降率、遲速数相當。兩表只是数值不同。麟德曆日躔表是承襲皇極曆而作。

各以其氣率，并後氣率而半之，十二乘之，綱紀除之，為末率。二率相減，餘以十二乘之，綱紀除為總差。又以十二乘總差，綱紀除之，為別差，以總差前少，以減末率，前多以加末率，為初率。累以別差，前少以加初率，前多以減初率，為每日躔差，及先後率，乃循積而損益之，各得其日定氣消息與盈朒積。其後無同率，因前末為初率，前少者加總差，前多者以總差減之，為末率。餘依術入之。各以氣下消息積，息減消加，常氣，為定氣。各以定氣大小餘，減所近朔望大小餘，十二通其日，以辰率約其餘，相從為辰總，其氣前多以乘末率，前少以乘初率，十二而一，為總率。前多者，以辰總減綱紀，以乘十二，綱紀而一，以加總率，辰總乘之，二十四除之。（此處有譌。疑為：前多者，以十一乘辰總，十二而一，減綱紀，以加綱紀，十一而一，以乘別差，辰總乘之，一十四除之。）前少者辰總再乘別差，二百八十八除之，皆加總率，乃以先加後減，其氣盈朒積為定。以定積盈加朒減常朔弦望，得盈朒大小餘。

求每日躔差及先後率　求定气　求朔弦望盈朒大小餘　三項均用二次差内插法求之，此法麟德厤是沿用皇極厤的。

今用幾何叠形解釋如次。

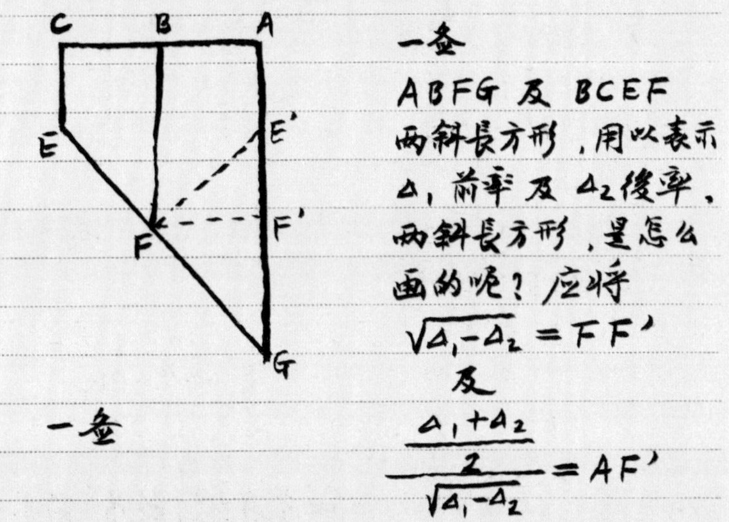

一叠

ABFG 及 BCEF 兩斜長方形，用以表示 Δ_1 前率及 Δ_2 後率。兩斜長方形，是怎么画的呢？应将

$$\sqrt{\Delta_1-\Delta_2}=FF'$$

及

$$\frac{\frac{\Delta_1+\Delta_2}{2}}{\sqrt{\Delta_1-\Delta_2}}=AF'$$

既得 FF′及AF′，就可画出一叠。

今将斜長方形 BCEF，以BF为轴，向右迴轉180°，与斜長方形 ABFG相重，令CE直線，重於AE′，則由二叠可以推知長方形

$$ABFF'=\frac{\Delta_1+\Delta_2}{2}$$

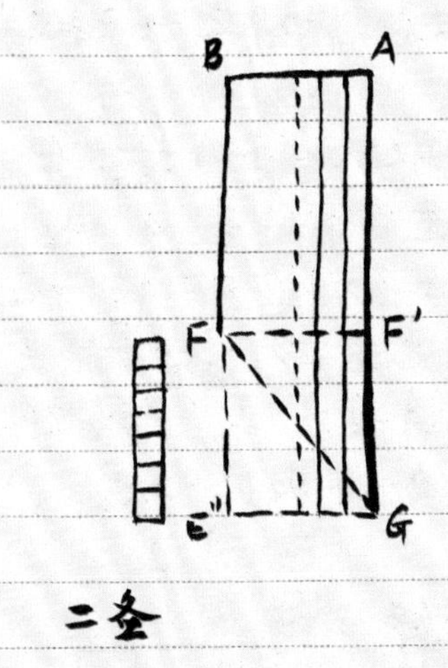

二条

及

三角形 $E'FG$ = 方形 $F'FE''G = \Delta_1 - \Delta_2$

气率不論先後，平均日数俗15日有奇。如二条所示，每日气率约全气率日数的 $\frac{1}{15}$，实际上，自秋分至春分日行盈麻每日定气率大於 $\frac{1}{15}$；自春分至秋分日行缩麻每日定气率，小於 $\frac{1}{15}$。两定气日数的差，若16比17，即進綱和退紀設置的所由来。其计标法，将先後氣率的平均条形均分為15条，因綱紀故，以平均气率15日计标；令綱紀两值的平均為16.5和15相比；若11和10相比。以是 $\frac{\Delta_1+\Delta_2}{2}$ 的适标，由比例式

$$綱紀:\frac{\Delta_1+\Delta_2}{2}=\frac{11}{10}:x=1.1:x=\frac{16.5}{15}:x$$

$$故\ x=\frac{1.1\times\frac{\Delta_1+\Delta_2}{2}}{綱紀}=\frac{\left(\frac{16.5}{綱紀}\times\frac{\Delta_1+\Delta_2}{2}\right)}{15}=末率$$

即術文所謂："各以先率，并后氣率，而半之，十一乘之，綱紀除之，為末率。"

這又意味着把 $\frac{\Delta_1+\Delta_2}{2}$ 放大或縮小 $\frac{16.5}{\text{綱紀}}$ 倍，而用15等分之。同理，將先后率的差 $\Delta_1-\Delta_2$ 即 $\frac{11}{\text{綱紀}}$ 為總差。如二叠中長方積 FF'AE"十五条中的任何一条，更將總差，即 $\frac{11}{\text{綱紀}}$ 為別差，如二叠中將 FF'GE" 15条長方積中任何一条再均分為15个小方块，并取其一块。

設先率少於后率，如三叠所示，由ABEE"各条F'FEE"相應各条二初率，則由ABFF'各条十F'FEE"相應各条二初率，即術文所謂："以總差前少，以減末率，前多以加末率，為率。"然后以二叠所示，諸小方块，遞減ABEE"諸条，或

三叠

遞加ABFF′诸条，使一日得aa′或gg′，二日得bb′或ff′条，以下仿此。即術文所谓："累以别差，前少以加初率，前多以减初率，为每日躔差及先后率。"与皇極麻计算相同。遞積别差，以增損每日躔差及先后率，得其日定气消息及盈缩積。

如遇特例，后先同率，则用

$$\frac{本气率+前气率}{2}=前气的末率=本气的初率=K$$

即術文所谓："前末为初率"。

如前少者，则由

$K+总差=末率$

前多者，由　$K-总差=末率$

以下计算与前同。乃得：

定气＝常气∓(息减消加)各气下消息。

以下计算同前。

求朔弦望盈缩大小餘，先由

12辰×(朔望大小餘－鄰定定气大小餘)

$$=12\times大餘+\frac{3\times小餘}{辰率}=辰总$$

即術文所言辰总"其气前多，以乘末率，前少以乘初率，十二而一为总率。"即：

12：長总＝末率或初率：总率＝長方積 ABCE 的十五分之一：長方積 AGIE 或 HBCJ

四圖所示，前多者末率小，前少者初率小。比例式内，皆以長总乘小率，以便后乘别差所得，皆為加差之故。据此兩長方形積内，亦須加入相应的每日躔差及先后率之面積，即前多者得 AGIE 長方積後，当加 EILK 一段𤩪形積；前少者得 HBCJ 長方積后，当加 JCM 一段三角形面積，由是问题归结为求出𤩪形積和三角形積。

B H G A C J I E M L K

四圖

𤩪形求法：因前气率多於本气率，如五圖的(一)，将两个𤩪形積連接，令：

$$EI=\frac{長总}{12}$$

＝定气距朔近朔望日数。

I E E' L I' E' K

(三) (二) (一)

五圖

EK＝IE″＝徊纪升位所得/11，今将11乘EI及EK，就是把全叠形放大11倍，则放大后的EK或IE″＝徊纪升位所得，放大后的EI或$E''K=\frac{11\times\text{辰总}}{12}$，故令徊纪$-\frac{11\times\text{辰总}}{12}$，放大后的E″I′，而后再加徊纪，即得$2\times$徊纪$-\frac{11\times\text{辰总}}{12}$＝放大后的IE″＋放大后的I′E″，仍以11除全叠形各线，使叠形缩小11倍，恢复原状。即術言："前多者以十一乘辰总，十二而一，减徊纪以加徊纪，十一乘之。"表示计算次序。惟原文"前多者以辰总减徊纪，以乘十二，徊纪而一。"有错误。今据李善蘭解，为之改正。

然后再将加得的IE′及E″I′两线，和别差相乘，得五叠的(二)所示诸别差数。

12：辰总＝诸别差数：两倍矩形積

即如五叠的(三)所示面積，和(一)相同。

总计这一段计算，先以12除，后以2除，$2\times12=24$，麟德曆併两次除為一次除，術言："以乘别差，辰总乘之，二十四除之"。(乘别差原文误作加总率，今改正。)如前气率少於本气率，则於CJM三角形積中求之。

求三角形積：

先假CJMJ′两三角形合併，为已知積。

如六叠的(一)表示

先以12∶辰总＝

别差∶(二)所示诸别差

次以12∶辰总＝

(二)所示诸别差∶(三)所

示的两倍三角形积

(三)　(二)　(一)　C J M

六叠

计算次序，应用两次

12除，一次2除，但 $2\times12\times12=288$，鹿麟德历并

三次除为一次除，使之简捷。術文所谓∶"前少者辰

总，再乘别差，二百八十除之。"然後璋形积，或三

角形积皆入於总率，乃以加得数，先加后减其气

盈朒积为定积。最后以定积盈加朒常朔弦望

大小餘，而得该朔弦望盈朒大小餘。

总计日躔表三项计算，前两项目是日求其消

息盈缩，后一项目，是積若干日又積若干小餘而

求它的盈缩。

變周四十四萬三千七十七　變日二十七，餘七百四

十三，變奇一。　變奇法十二　月程法六十七

這四个法数，是应用於计算月離方面的。

以变奇法12除变周443077，得 $36923\frac{1}{12}$，

再以总率1340除之，得 $27日\frac{743\frac{1}{12}}{1340}$ 为迟速

一周日数。

月程法為月離表離程的分母，和各厤的章歲相当。

以奇法乘總實，滿變周去之；不滿者，奇法而一，為變分。盈總法從日，得天正常朔夜半入變。加常朔小餘，為經辰所入。因朔加七日，餘五百一十二，奇九，得上弦。轉加，得望、下弦及次朔。加之滿變日及餘，去之。又以所入盈朒定積，盈加，朒減之，得朔、弦、望盈朒經辰所入。

求天正常朔夜半入變　求經辰所入　求弦望及次月朔　求朔弦望經辰所入

求天正常朔夜半入變，以

$$\frac{\text{奇法}\times\text{總實}}{\text{變周}}=\text{整數}+\frac{\text{不尽數}}{\text{變周}}$$

棄去整數，而以 $\frac{\text{不尽數}}{\text{奇法}}=\text{變分}$

則 $\frac{\text{變分}}{\text{總法}}=\text{天正常朔夜半入變}$。

以之，加入常朔小餘，得經辰所入。

求弦、望及次朔，应以

$$7\text{日}\frac{512\frac{9}{12}}{1340}$$ 加入常朔大小餘，得上弦。倍之得望，三倍之得下弦，四倍之得次月朔。

各倍數加入後，以變日及餘，乘之。復以朔弦望所入盈朒定積，盈加朒減，即得朔、弦、望盈朒經辰所入。

變日	離程	增減率	遲速積
一日	九百八十五	增百三十四	速初
二日	九百七十四	增百一十七	速百三十四
三日	九百六十二	增九十九	速二百五十一
四日	九百四十八	增七十八	速三百五十
五日	九百三十三	增五十六	速四百二十八
六日	九百一十八	增三十三	速四百八十四
七日	九百二	增九 初增九末減隱	速五百一十七
八日	八百八十六	減十四	速五百二十六
九日	八百七十	減三十八	速五百一十二
十日	八百五十四	減十四 应为六十二之误	速四百七十四
十一日	八百三十九	減八十五	速四百一十二
十二日	八百二十六	減百四	速三百二十七
十三日	八百一十五	減百二十一	速二百二十三
十四日	八百八	初減百二末增二十九	速百二
十五日	八百十	增百二十八	遲二十九
十六日	八百一十九	增百一十五	遲百五十七
十七日	八百三十二	增九十五	遲二百七十二
十八日	八百四十六	增七十四	遲三百六十七

十九日 八百六十一 增五十二 遲四百四十一
二十日 八百七十七 增二十八 遲四百九十三
二十一日八百九十三 增四 初增四 末減隐 遲五百二十一
二十二日九百九 減二十 遲五百二十五
二十三日九百二十五 減四十四 遲五百五
二十四日九百四十一 減六十八 遲四百六十一
二十五日九百五十五 減八十九 遲三百九十三
二十六日九百六十八 減百八 遲三百四
二十七日九百七十九 減百二十五 遲百九十六
二十八日九百八十五 減百四十四 初減七十一 末增入後 遲七十一 "百四十四"应作百三十四。

變日 離程 增減率 遅速積 是组成月離表的四項。變日是以月球的近地点為起点的，和皇極厤同。離程是以月程法為分母。

例如：一日的離程 985，以 67 除之，得 $14°\frac{47}{670}$，麟德厤的月日平行太约為 13°36835，以月程法通之，得 895.689，

$$\frac{離程-月日平行}{月日平行}=\frac{x}{总率}，一日下$$

$$\frac{985-895.68}{895.68}=\frac{89.32}{895.68}=\frac{x}{1340}$$

$$x=89.32\times\frac{1340}{895.68}=134$$ 即一日增率。

其餘變日增損率仿此。

如十日下的减率十四，应为六十二之误。

七日增九下有“初增九末减隐”夹行小注，就是说：自初至末已增九，末隐隐有减少现象。二十一日增率下小注，解釋亦同。

十四日的增减率为：“初减百二末增二十九”，即说：将一日分为两部分，初部分减百二，末部分增二十九。

由前推算，得麟德曆周日日餘为 $743\frac{1}{12}$，周虚为 $596\frac{11}{12}$，从而二十八日下的迟積 71，即为该日周日日餘的减率，故

$743\frac{1}{12} : 71 = 1340 : $ 相当减率 x

$x = 128$　由二十八离程，计入减率，得 134。

表中“减百四十四”，当为“减百三十四”之误。

以離程与次相減，得進退差，後多為進，後少為退，等為平。各列朔、弦、望盈朒經辰所入日增減率，并後率而半之，為通率。又二率相減為率差。增者以入變曆日餘減總法，餘乘率差，總法而一，并率差而半之。減者半入餘乘率差，亦總法而一，皆加通率，以乘入餘，總法除，為經辰變率半之，以速減遲，加入餘，為轉餘。增者以減總法，減者因餘，皆乘率差，總法而一，以加

通率，變法乘之，總法除之，以速減遲，加變率，為定率，乃以定率增減遲速積為定。其後無同率，亦因前率，應增者，以通率為初數，半率差而減之；應損者，即為通率。其曆率損益入餘，進退日者，分為二日，隨餘初末如法求之，所得并以加減變率為定。七日初，千一百九十一，末，百四十九。十四日初，千四十二，末，二百九十八。二十一日初，八百九十二；末，四百四十八。二十八日初，七百四十三；末，五百九十七。各視入餘初數已下，為初，已上，以初數減之，餘為末。各以入變遲速定數，速減遲加，朔、弦、望盈朒小餘，滿若不足，進退其日。加其常日者為盈，減其常日者為朒。各為定大小餘，命日如前。乃前朔後朔，迭相推校，盈朒之課，據實為準，損不侵朒，益不過盈。定朔日名與次朔同者大，不同者小，無中氣者為閏月。其元日有交加時應見者，消息前後一兩月，以定大小，令虧在晦、二。弦、望亦隨消息。月朔盈朒之極，不過頻三。其或過者，觀定小餘近夜半者量之。

求經辰變率　求定率　求初末數　求朔望定大小餘

第一、第二、第三項目，用二次差内插法计标，和皇極厤月離表"求朔弦望定日術"同。

第四項，应用前三項目，自皇極厤标出迟速定数，速减迟加於朔、弦、望盈朒小餘，各為朔、弦、望定大小餘。以餘加或减餘时，加満总法1340，去之而進一日。若减数大於被减数，则加入总法而减之，須退一日。如"常朔实"註文所言，加其常日為盈，减其常日为朒。餘可參攷皇極厤及大衍厤。

第三項目術文中有舛误处，可据李善蘭麟德厤解為之改正。

关於"求恒辰變率"術文："增减率并後率而半之，减者并前率而半之"為通率"，是省畧语，实涵"增者并後率而半之，减者并前率而半之"两语。

关於"求定率"術文"总法除為恒辰变历"下，应加"以增减迟速積為历率"一句。

又"變率乘之"，變率乃厤率之误。

关於"求初末数"："其后无同率……应損者即為通率"也是文字省略，实涵："其前无同率者，则因后率。应損者以通率為末数，半厤差而减之，应增者即為通率。"

又"所得并以加减变乘为定"。并是益之误。"变乘"是"厤乘"之误。

黄道南斗二十四度三百二十八分。牛七度。婺女十一度。虚十度。危十六度。營室十八度。東壁十度。奎十七度。婁十三度。胃十五度。昴十一度。畢十六度。觜觽二度。参九度。東井三十度。輿鬼四度。柳十四度。七星七度。張十七度。翼十九度。軫十八度。角十三度。亢十度。氐十六度。房五度。心五度。尾十八度。箕十度。

冬至之初，日躔定在南斗十二度，每加十五度二百九十二分、小分五，依宿度去之，各得定氣加時日度。各以初日躔差乘定氣小餘，總法而一，進加退减，小餘為分；以减加時度為氣初夜半度。乃日加一度，以躔差進加、退减之，得次日。以定朔弦望小餘副之，以乘躔差，總法而一，進加退减，其副各加夜半日躔為加時宿度。合朔度即月離也。上弦加度九十一度分四百一十七，望加度百八十二度、分八百三十四。下弦加度二百七十三度、分千二百五十一。訖，半其分，降一等，以同程法，得加時月離。因天正常朔夜半所入變日及餘，定朔有進退日者，亦進退一日，為定朔夜半所入。累加一日，得次日。各以夜半入轉餘乘進退差，總法而一，進加退減離程為定程。以定朔弦望小餘乘之，總法而一，以減加時月離，為夜半月離。求次日，程法约定程，累加之。若以定程乘夜刻，二百除，為晨分，以減定程為昏分，其夜半月離，朔後加昏為昏度，望後加晨為晨度。其注麻五乘弦望小餘，程法而一，為刻。不满晨前刻者，退命算上。

黄道宿度　求定气加时日度　求气初夜半度　求次日　求定朔弦望加时宿度　求加时月离　求次日　求夜半月离　求次日　求晨昏分及晨昏度　求定程　以上十一項，计䇿及解釋均詳大衍麻及皇極麻。

"求加時月離"術文中："半其分降一等以同程法"，疑有脱误。

辰刻八分二十四　　刻分法七十二

以 12 辰除 100 刻，得 8 刻$\frac{4}{12}$ = 8 刻$\frac{24}{72}$。24 以刻分法 72 為分母。

原文"辰刻八分二十四"，八分应为八刻之误。

定氣	晨前刻	黃道去極度	屈伸率	發斂差
冬至	三十刻	百一十五度三分	伸一三分	益十六
小寒	二十九刻五十四分	百一十三度一分	伸三七分	益十六
大寒	二十九刻十八分	百一十度七分	伸六一分	益二十二
立春	二十八刻三十三分	百七度九分	伸九四分	益九
啟蟄	二十七刻三十分	百二度九分	伸十七分半	益七
雨水	二十六刻十八分	九十七度三分	伸十一分	益三
春分	二十五刻	九十一度三分	伸十二二分半	損三
清明	二十三刻五十四分	八十五度三分	伸十一分	損七
穀雨	二十二刻四十三分	七十九度七分	伸十七分半	損九
立夏	二十一刻三十九分	七十四度七分	伸九四分	損二十二
小滿	二十刻五十四分	七十度九分	伸六一分	損十六
芒種	二十刻十八分	六十八度五分	伸三七分	損十六
夏至	二十刻	六十七度三分	屈一三分	益十六
小暑	二十刻	六十八度五分	屈三七分	益十六
大暑	二十刻五十四分	七十度九分	屈六一分	益二十二
立秋	二十一刻三十九分	七十四度七分	屈九四分	益九
處暑	二十二刻四十三分	七十九度七分	屈十七分半	益七
白露	二十三刻五十四分	八十五度三分	屈十一分	益三
秋分	二十五刻	九十一度三分	屈十二二分半	損三
寒露	二十六刻十八分	九十七度三分	屈十一分	損七
霜降	二十七刻三十分	百二度九分	屈十七分半	損九

立冬　二十八刻三十三分　百七度九分　屈九四分　損二十二
小雪　二十九刻十八分　百一十度七分　屈六一分　損十六
大雪　二十九刻五十分　百一十三度一分　屈三七分　損十六

定气　晨前刻　黄道去極度　屈伸率　發斂差五項為麟德曆步晷漏表的要素。

屈伸率和發斂差与大衍曆步軌漏表中的消息衰和陟降率相当。是皆集合皇極曆的求晨前餘數、求每日刻差、求晨去中星等項而成的。

本表中晨前刻下所注分數，以刻分法72為分母。其它兩項，分數均以十進。

置其氣屈伸率，各以發斂差損益之，為每日屈伸率差。滿十從分；分滿十，為率。各累計其率，為刻分。百八十乘之，十一乘，綱紀除之，為刻差。各半之，以伸減屈加晨前刻分，為每日晨前定刻。倍之為夜刻。以減一百，為晝刻。以三十四約刻差為分；分滿十，為度。以伸減屈加氣初黃道去極，得每日。以晝刻乘朞實，二百乘總法，除，為昏中度，以減三百六十五度三百二十八分，餘為旦中度。各以加日躔，得昏旦中星，赤道計之，其赤道同太初星距。

求每日刻差　求每日晨前定刻　求晝刻　求每

日黄道去極度　　求每日昏旦中星

每日刻差与皇極厤意同。將各定气下的发斂差，損益其下屈伸率，為每日屈伸率。規定差积滿十得分，分积滿十为率，如今等差級數各項，为每日刻分。所謂："各累計其率"。後使刻分和 180 相乘，用 11 乘之，個凡除之，得每日刻差。更將刻差折半，以伸減屈，加晨前刻分，（可參考大衍厤步晷漏篇解）即得每日晨前定刻。2×前定刻為夜刻，以之，減晝夜百刻得晝刻。又以 34 除刻差为分，使分积滿 10 為度，以之伸減屈加气初黄道去極度，得每日黄道去極度。〔術文"得每日"文極省括，如補：黄道去極度五字，語始完足。〕

又以 $\dfrac{\text{晝刻}\times\text{朞實}}{200\times\text{總法}}$ 使等于昏中度，以之減 $365\frac{328}{1340}$，得旦中度。各加气初日躔度數，得每日昏旦中星。昏旦中星是根据太初星距的赤道度。

遊交終率千九十三萬九千三百一十三　奇率三百　約終三萬六千四百六十四，奇百十三。交中萬八千二百三十二，奇五十六半。　交終日二十七，餘二百八十四，奇百一十三。　交中日十三，餘八百一十二，奇五十之半。　虧朔三千一百六，奇百八十七。　實望萬九千七百八十五，奇百五十。後準千五百五十三，奇九十三半。　前準萬六千六百七十八，奇二百六十三。

遊交終率　奇率　約終　交終　交中　交終日　交中日　虧朔　實望　後準　前準

十一項是麟德曆步交会術的數值，以

$$\frac{\text{交终率}}{\text{奇率}}=\frac{10939313}{300}=\text{约终}\ 36464\frac{113}{300}，$$

以总法除约终，即 $\dfrac{36464\frac{113}{300}}{1340}=27^{\text{日}}\dfrac{284\frac{113}{300}}{1340}$，为一个交点月的日数。将约终折半，得交中 $18232\frac{56.5}{300}$，以交终日折半，得交中日

$13^{\text{日}}\dfrac{812\frac{113}{300}}{1340}$，以总法除虧朔，即

$\dfrac{3106\frac{187}{300}}{1340}=2^{\text{日}}\dfrac{426\frac{187}{300}}{1340}$ 为朔望月和交点月的差，即皇極曆的朔差日，以 $\dfrac{\text{常朔实}}{2}=\text{实望}\ 19785\frac{150}{300}$，

以 $\dfrac{\text{后準}}{\text{总法}}=\dfrac{1553\frac{93.5}{300}}{1340}=1^{\text{日}}\dfrac{213\frac{93.5}{300}}{1340}$ 及

$\dfrac{\text{前準}}{\text{总率}}=\dfrac{16678\frac{263}{300}}{1340}=12^{\text{日}}\dfrac{598\frac{263}{300}}{1340}$。

麻家称"後準"为交食的前限，"前準"为交食的後限。

置總實，以奇率乘之，滿終率去之；不滿，以奇率約為入交分。加天正常朔小餘，得朔汎交分。求次朔，以虧朔加之，因朔。

求望，以實望加之，各以朔望入氣盈朒定積，盈加朒減之。又六十乘遲速定數，七百七十七除，為限數，以速減遲加為定交分。

其朔月在日道裏者，以所入限數，減遲速定數，餘以速減遲加，其定交分。而日出道表者，為變交分。不出表者，依定交分。其變交分三時半內者，依術消息，以定蝕不。

求朔汎交分　求次月朔　求望　麟德麻与大衍麻同。奇率与大衍麻秒法相当。

求定交分，以朔望入氣的盈缩定積，盈加朒减前朔望小餘；（日躔方面）又以 $\frac{60\times\text{迟速定数}}{777}$ 称为"限数"，（月离方面）以之速减迟加，得定交分。

〔合朔时如月在内道，则迟速定数－所入限数，减余以速减迟加其定交分。

如月出外道外，称为"变交分"。不出外道，依定交分，不加变动。变交分如在三时半

内，依前術，以定蝕否。〕

交中已下者，爲月在外道。已上者去之，餘爲月在内道。其分如後準已下，爲交後分。前準已上者，反減交中，餘爲交前分。望則月蝕，朔在内道則日蝕。百一十二，約前後分爲去交時。

求月在外道及内道交後分及交前分

求去交時

月在外道，必在交中以下。若過交点，而至内道，棄去交中。内道月的位置，如在后準以下，稱爲"交后分"。分在前準以上者，反減交中，減餘稱爲"交前分"。这时，望則月蝕。朔在内道則日蝕。以112，约交前后分，稱爲"去交时"。

置定朔小餘副之，辰率約之，以艮巽坤乾爲次命算外。其餘半法已下爲初；已上者去之，爲末。初則因餘，末則減法，各爲差率。月在内道者，益去交時十而三除之。以乘差率，十四而一，爲差。其朔在二分前後一氣内，卽以差爲定，近冬至以去寒露、雨水，近夏至以去清明、白露，氣數倍之，又三除去交時增之；近冬至艮巽以加，坤乾以減，近夏至艮巽以減，坤乾以加。其差，為定差。艮巽加副，坤乾减副。月在外道者，三除去交時數，以乘差率，十四而一，為差。艮、坤以减副，巽乾以加副，為食定小餘。即所在辰。近朝夕者，以日出没刻，校前後十二刻，半内候之。

求食定小餘与皇極曆推日食所在辰術同。

月在外道，朔不應蝕。夏至初日，以二百四十八為初準，去交前後分，如初準已下，加時在午正前後七刻内者，蝕。朔去夏至前後，每一日損初準二分，皆畢於九十四日，為每日變準。交分如變準，餘以十八約之，為刻準。以并午正前後七刻内數為時準。加時準内交分，如末準已下，亦蝕。又置末準，每一刻加十八，為差準。加時刻去午前後如刻準已上，交分如差準已下者，亦蝕。自秋分至春分，去交如末準已下，加時巳、午、未者，亦蝕。

月在内道，朔應蝕。若在夏至初日，以千三百七十三為初準。去交如初準已上，加時在午正前後十八刻内者，或不蝕。夏至前後每日益初準一分半，皆畢於九十四日，為每日變準。以初準减變準，餘十而一，為刻準。以减午正前後十八刻，餘為時準。其去交在變準已上，加時在準内，或不蝕。望去交前後定分，冬，減二百二十四，夏減五十四；春交後減百，交前減二百，秋交後減二百，交前減百，不足減者蝕既。有餘者，以減後準，百四而一，得月蝕分。朔交月在内道，入冬至畢定雨水，及秋分畢大雪，皆以五百五十八爲蝕差。入春分，日損六分，畢芒種，以蝕差減去交分，不足減者，反減蝕差，爲不蝕分。其不蝕分，自小滿畢小暑，加時在午正前後七刻外者，皆減一時，三刻内者，加一時。大寒畢立春，交前五時外、大暑畢立冬，交後五時外者，皆減一時；五時内者加一時。諸加時蝕差應減者，交後減之，交前加之。應加者交後加之，交前減之。不足減者，皆既，加減入不蝕限者，或不蝕。

月在外道，冬至初日無蝕差。自後日益六分。畢於雨水。入春分畢白露，皆以五百二十二爲差。入秋分，日損六分，畢大雪。以差加去交分，爲蝕分，以減後準，餘爲不蝕分。十五約蝕差，以百四爲定法。其不蝕分，如定法得一，以減十五，餘得日蝕分。

关於蝕或不蝕的種々實例。

月在外道，朔不應蝕时，在夏至初日，設248为初準。若去交前后在初準以下，加时在午正前后七刻以内者，则起蝕象。朔去夏至前后，每日損初準二分，損至九十四日而止。称为每日变準。去交前后分，如在变準以下，加时仍在午正前后七刻内，亦生蝕象。又从初準及变準，減去末準60，以18约其减餘为刻準。以刻準加入於午正前后七刻内，称为时準。加时準纳交前后分后，如在末準60以下，亦起蝕象。

又置末準60，每一刻加18为差準。加时去午前后，如在刻準以上，去交前后分，如在差準以下，亦起蝕象。自秋分至春分，去交前后分如在末準以下，加时在巳午未者，亦生蝕象。

月在内道，朔应蝕时，在夏至初日，以1373为初準，去交前后分，如在初準以上，加时在午正前后十八刻内，或不起蝕象。夏至前后，每日益一分半於初準，益至九十四日而止，为每日变準。由变準减去初準，10除减餘为刻準，去交前后分在变準以上，加时在时準以内，或不起蝕象。

求月蝕分的实例。由望去交前后定分，冬季减224，夏季减54，春季交后减100，交前减200，秋季交后减200，交前减100，不足減者食既。有餘則將減餘，以減后準，並以104除之，得月蝕分。設差以求不蝕分，当朔交时月在内道，入冬至畢雨水，及秋分畢大雪，皆設蝕差558，入春分日損六分，至芒種而止。並以蝕差，減去交分，不足減者，反減蝕差，為不蝕分。不蝕分自小满畢小暑。如加时在正午前后七刻以外，皆減一时。如在三刻以内，加一时。大寒畢立春，交前在五时以外，大暑畢立冬。交后在五时以外，皆減一时。这几个实例，交前交后各在五时以内，皆一时。诸種加时蝕差，应減者交后減之，交前加之。应加者交后加之，交前減之。不足減者皆食既。加減后，如均入食限，或不起蝕象。当朔交时，月在外道，冬至初日无蝕差，此后日益六分，益至雨水而止。入春分畢白露，設蝕差522，入秋分日損六分，損至大雪而止，並以蝕差加去交分為蝕分。由后準減去蝕分，即得減餘為不蝕分。求日蝕分先以15约蝕差，以104为定法，$\frac{15-\text{不蝕分}}{\text{定法}}$得日蝕分。

歲星總率五十三萬四千四百八十三，奇四十五。伏分二萬四千三十一，奇七十二半。

終日三百九十八，餘千一百六十三，奇四十五。

平見入冬至畢，小寒均減六日，入大寒，日損六十七分，入春分依平，乃日加八十九分，入立夏畢，小滿均加六日，入芒種，日損八十九分，入夏至畢，立秋均加四日，入處暑，日損百七十八分，入白露依平，自後日減五十二分，入小雪畢，大雪均減六日，初順百一十四日，行十八度五百九分，日益遲一分，前留二十六日，旋退四十二日，退六度十二分，日益疾二分，又退四十二日，退六度十二分，日益遲二分，後留二十五日，後順百一十四日，行十八度五百九分，日益疾一分，日盡而夕伏。

以总法 1340 除歲星总率 $534483\frac{45}{300}$ 得终日 $398^{日}\frac{1163\frac{45}{300}}{1340}$，以总率除伏分 $24031\frac{72.5}{300}$ 得 $17^{\circ}\frac{251\frac{72.5}{300}}{1340}$。其它四星的各法数，仿此计算。

歲星的平見及伏，和皇極曆術同。

五星运行，以火星較為複杂。麟德曆雖沿皇極曆術，對於火星，叙述加詳。除小部分类似皇極曆外，有其独特，於火星項中釋之。

熒惑總率百四萬五千八十，奇六十。

伏分九萬七千九十，奇三十。

終日七百七十九，餘千二百二十，奇六十。

平見，入冬至，減二十七日。自後日損六百三分，入大寒，日加四百二分，入雨水，畢穀雨，均加二十七日。入立夏，日損百九十八分，入立秋，依平。入處暑，日減百九十八分。入小雪，畢大雪，均減二十七日。初順，入冬至，率二百四十三日，行百六十五度。乃三日損日度各二。小寒初日率二百三十三，日行百五十五度，乃二日損一。入穀雨四日，平，畢小滿九日，率百七十八日，行百度，乃三日損一。夏至初日，平，畢六日，率百七十一日，行九十三度。乃三日益一。入立秋，初日，百八十四，日行百六度，乃每日益一。入白露，初日，率二百一十四日，行百三十六度。乃五日益六。入秋分，初日率二百三十二，日行百五十四度。又每日益一，入寒露，初日，率二百四十七日，行百六十九度。乃五日益三，入霜降五日，平，畢立秋，十三日，率二百五十九日，行百八十一度。乃二日損日一，入冬至，復初。各依所入常氣，平者依率，餘皆計損益，為前疾日度定率。其前遲及留退，入氣有損益日度者，計日損益，皆準此法。

~~前文有误，待後得书校釋。~~

初行段　前遲段　前留段　後留段　後疾段

最初火星順行入冬至，其运行率为二百四十三分之百六十五度。自此乃三日損日度各二，至小寒初日，运行率为二百三十三分之百五十五度。自此乃二日損日度一，入穀雨四日一，至小滿九日，星皆依平运行。运行率为百七十八分之一百，自此乃三日損日度各一。夏至初日依平运行，一日。运行率为百七十一分之九十三度，自此乃三日益日度各一，入立秋初日，运行率百八十四分之百六度。自此乃每日益日度各一。入白露初日，运行率为二百十四分之百三十六度，自此乃五日益日度各六。入秋分初日，运行率为二百三十二分之一百五十四度，自此又每日益日度各一。入寒露初日，运行率二百四十七分百六十九度。自此乃五日益日度各三，入霜降五日，依平运行至立冬十三日，运行率又为二百五十九分百八十一度。自此乃二日損日度各一，入冬至則仍復原狀。這是初行和各常氣的关係。是星各依所入常氣。所谓依平，就是依率运行。其它皆計日計祘損益，称为前疾日度定率。其前迟及留退入氣时，有日度損益。其計日損益，都準此法。

疾行日率，入大寒，六日損一；入春分，畢立夏，均減十日；入小滿，三日損所減一；畢芒種，依平；入立秋，三日益一；入白露畢秋分，均加十日；入寒露，一日半，損所加一；畢氣盡，依平，爲變日率。疾行度率，入大寒畢啟蟄，立夏畢夏至，大暑畢氣盡，霜降畢小雪，皆加四度，清明畢穀雨，加二度爲變度率。初行入處暑，減日率六十，度率三十；入白露畢秋分，減日率四十四，度率二十二；皆爲初遲半度之行。盡此日度，乃求所減之餘日度率，續之爲疾。初行，入大寒畢大暑，差行日益遲一分。

疾行日率入大寒，六日損一日，入春分一直至立夏均減去十日。入小滿，每三日損去前所減的一日，等到芒種，又平運行。入立秋又每三日益一日，入白露一直至秋分，均加十日。入寒露至氣盡，每一日半損所加的一日，等到氣盡，又依平運行，而爲變日率。疾行度率，入大寒至啓蟄，立夏至夏至，大暑至气尽，霜降至小雪，皆加四度。入清明至穀雨，加二度爲变度率。又初行入处暑，減日率六十，度率三十。自白露至秋分，減日率四十四，度率二十二，皆为初迟半度行。行尽此日度，乃求其所減餘日度率，以疾初行價之。大寒直至大暑，差行每日益遲一分。

其前遲後遲日率，既有增損，而益遲益疾差分，皆檢括前疾末日行分，爲前遲初日行分，以前遲平行分減之，餘爲前遲總差。後疾初日行分，爲後遲末日行分，以後遲初日行分，減之餘爲後遲總差。相減，爲前後別日差分。其不滿者，皆調爲小分。遲疾之際行分，衰殺不倫者，依此。

〔其前迟后迟日率，既有增損，而檢校益迟益疾差分，至前疾末日行分，疾極而迟，以之为前迟初日行分，於中减去前迟平行分，減餘为前迟总差。同样论述，后疾初日行分，為后迟末日行分，其中减去后迟初日行分，減餘为后迟总差。两总差相减為前后别日差分。不相符合的，以五小分调节之。凡迟疾时行分，衰殺不倫，视此规定。〕

前遲入冬至，率六十日行二十五度，先疾，日益遲二分，入小寒，三日損一。大寒初日，率五十五日行二十度，乃三日益一，立春初日平，畢清明，率六十日行二十五度。入穀雨，每氣別減一度，立夏初日平，畢小滿，率六十日行二十二度。入芒種，每氣別益一度，夏至初日平，畢處暑，率六十日行二十五度。入白露，三日損一。秋分初日，率六十日行二十五度，乃每日益日一，三日益度二。寒露初日，率七十五日行三十度，乃每日損日一，三日損度一。霜降初日，率六十日行二十五度，乃二日損一度。入立冬一日平，畢氣盡，率六十日行十七度。入小雪，五日益一度。大雪初日，率六十日行二十度，乃三日益一度，入冬至復初，前留十三日。

前遲入冬至，運行率為六十分之二十五度，先疾每日益遲二分，入小寒三日損日度各一。入大寒初日，運行率為五十五分之二十度。自此乃三日益日度各一。立春初日，依平運行。一直至清明，運行率改為六十分之二十五度。入穀雨每氣別減一度。就是在這氣內減去一度的意義。自立夏初日，依平運行，一直至小滿，行率改為六十分之二十二度。入芒種每氣別益一度，夏至初日又依平運行。一直至處暑，行率又為六十分之二十五度。入白露，三日損日度各一，秋分初日運行率為六十分之二十五度，自此每日益日一，三日益度二。寒露初日，運行率七十五分之三十度，自此每日損日一，三日損度一。霜降初日，運行率為六十分之二十五度。自此乃二日損度一，入立冬一日，依平運行，直至氣盡。其率又為六十分之十七度。入小雪，五日益度一。大雪初日，运行率为六十分之二十度，自此乃三日益度一。入冬至又回復原状。這是前迟段和各气的关係。前留達十三日。

前疾減日率一者，以其數分益此留，及後遲日率，前疾加日率者，以其數分減此留及後遲日率。

〔前疾減日率一，以所減分益此留，及後迟日率。前疾加日率一，以所加分減此留及後迟日率。〕

旋退西行，入冬至初日，率之十三日退二十一度，乃四日益度一。小寒一日，率之十三日退二十六度，乃三日半損度一。立春三日平，畢啟蟄，率之十三日退十七度，乃二日益日度各一。雨水八日平，畢氣盡，率之十七日退二十一度。入春分，每氣損日、度各一。大暑初日平，畢氣盡，率五十八日退十二度。立秋初日平，畢氣盡，率五十七日退十一度，乃二日益日一。寒露九日平，畢氣盡，率之十六日退二十度，乃二日損一。霜降六日平，畢氣盡，率之十三日，退十七度，乃三日益一。立冬十一日，平，畢氣盡，率之十七日退二十一度，乃二日損一，入冬至復初。

退而西行，入冬至初日，退行率为六十三分之二十五度。自此乃四日益度一。小寒一日退行率为六十三分之二十六度，自此乃三日半，損度一，到立春日，依平退行。等到啓蟄，退行六十三分之十七度。自此乃二日，益日度各一。雨水八日，依平退行，一直至气尽。其率又為六十七分之二十一度，入春分每气損日度各一。大暑初日，依平退行，一直到气尽。退行率又為五十八分之十二度。立秋初日，依平退行。一直到气尽。退行率又為五十七分之十一度。自此乃三日益日度各一。寒露九日，依平退行。一直到气尽，其率又为六十六分之二十度，自此乃二日損日度各一。霜降六日，依平退行。一直到气尽，其率为六十三分之十七度，自此乃三日益日度各一，立冬十一日，依平退行，一直到气尽。其率又为六十七分之二十一度，自此乃二日損日度各一，入冬至回復原状，這是前留后星退行和各气的关係。

後留冬至初，留十三日，乃二日半益一。大寒初日，平，畢氣盡，留二十五日。乃二日半損一。雨水初日，留十三日，乃三日益一。清明初日，留二十三日。乃日損一。清明十日，平，畢處暑，留十三日。乃二日損一。秋分十一日，無留。乃每日益一。

霜降初日留十九日，乃三日損一，立冬畢大雪，留十三日。

后留入冬至初，星留十三日，自此乃二日半益日度各一，大寒初日依平，一直至气尽，留二十五日，自此乃二日半損日度各一。雨水初日，留十三日，自此乃三日益日度各一。清明初日，留二十三日，自此乃日損日度各一。清明十日，依平，一直到处暑，乃留十三日，自此乃二日損日度各一。秋分十一日無留，自此乃每日益日度各一。霜降初日留十九日，自此乃三日損日度各一，自立冬一直到大雪，留十三日。這是后留和各气的关係。

後遲順，六十日行二十五度，日益疾二分。

后迟順日行，計六十日行二十五度，每日益疾二分。

前疾加度者，此遲依數減之為定度。前疾無加度者，此遲入秋分至立冬減三度，入冬至減五度，後留定日朒十三日者，以所朒日數，加此遲日率。

（前疾若加度，此迟依數減之為定度。前疾若無加度，此迟入秋分，一直到立冬，減三度，入冬至減五度。后留定日朒十三日時，則以所朒日數，加入遲日率。）

後疾，冬至初日，率二百一十日行百三十二度。乃每日損一。大寒八日，率百七十二日行九十四度。乃二日損一。啟蟄平，畢氣盡，率百六十一日行八十三度。乃二日益一。芒種十四日平，畢夏至，率二百三十三日行百五十五度。乃每日益一。大暑初日平，畢處暑，率二百六十三日行百八十五度。乃二日損一。秋分一日，率二百五十五日行百七十七度，乃一日半損一。大雪初日，率二百五日行百二十七度。乃三日益一。入冬至，復初。

后疾入冬至初日，运行率為二百十分之百二十二度，自此每日損日度各一。入大寒八日，运行率為百七十二日分之九十四度。自此乃二日損日度各一。啟蟄平，至气尽，运行率百六十一分之十三度。自此乃二日益一。入芒種十四日依平，一直到夏至，其率又為二百三十三分之百五十五度，自此乃每日益日度各一。入大暑初日依平，一直到处暑，其率為二百六十三分之百八十五度，自此乃二日損日度各一。入秋分一日，运行率為二百五十五分之百七十七度，自此乃一日半損日度各一。入大雪初日运行率二百五分之百二十七度，自此乃三日益日度各一。入冬至回復原狀。這是后疾和入各气的关係。

其入常氣日度之率有損益者，計日損益，為後疾定日率度。疾行日率其前遲定日朒之十及退行定日朒之十三者，皆以所朒日數，加疾行定日率；前遲定日盈之十，退行定日盈之十三，後留定日盈十三者，皆以所盈日數減此疾定日率；各為變日率。疾行度率，其前遲定度朒二十五、退行定度盈十七、後遲入秋分到冬至減度者，皆以所盈朒度數，加此疾定率；前遲定度盈二十五，及退行定度朒十七者，皆以所盈朒度數減此疾定度率，各為變度率。初行入春分畢穀雨，差行，日益疾一分。初行入立夏，畢夏至，日行半度，六十之日行三十三度。小暑畢大暑，五十日行二十五度。立秋畢氣盡，二十日行十度，減率續行，並同前，盡日度而夕伏。

综以所述星行入常氣有日度損益率時，應計日損益，為後疾定日度率，疾行日率若前迟定日朒之十及退行定日朒之十三时，皆以所朒日數，加此疾行定日率，若前迟定日盈之十，退行定日盈之十三，后留定日盈十三時，皆以所盈日數減疾行定日率，各為变日率。疾行度率，若其前迟定度朒二十五，退行定度盈十七，后迟入秋分，一直到冬至，亦减度时皆以所盈朒度，加此疾行定度率，前迟定度盈二十五，退行定度朒十七时，皆以所盈朒度数减此疾行定度率，各为变度率。初行入春分，一直到穀雨，则每日益疾一分的差行，入立夏一直到夏至，运行为六十六分之三十三度，即日行半度。入小暑一直到大暑，率五十分之二十五度，入立秋一直到处暑，率二十分之十，皆日行半度，以上仅就增率而言，减率续行，则差同前。尽日度而伏。

关於土、金、水三星的平見、見伏的周期运行，说明依此类推。

鎮星總率五十萬六千六百二十三，奇二十九。

伏分二萬二千八百三十一，奇六十四半。

終日三百七十八，餘一百三，奇二十九。

平見，入冬至[illegible]初減四日，乃日益八十九分。入大寒，畢[illegible]春分，均減八日。入清明，損五十九分。入小暑，初依平。自後日加八十九分。入白露，初加八日。自後日損百七十八分。入秋分，均加四日。入寒露，日損五十九分。入小雪，初日依平，乃日減八十九分。

初順，八十三日，行七度二百九十分，日益遲半分。
前留三十七日。旋退五十一日，退二度四百九十一分，日益疾少半，又退，五十一日退二度四百九十一分，日益遲少半。後留三十七日。後順，八十三日，行七度二百九十分，日益疾半分，日盡而夕伏。
太白總率七十八萬四千四百四十九，奇九。
伏分五萬之千二百二十四，奇五十四半。
終日五百八十三，餘千二百二十九，奇九。
夕見伏日二百五十六。
晨見伏日三百二十七，餘千二百二十九，奇九。
夕平見，入冬至，初依平，乃日減百分。入啟蟄，畢春分，均減九日，入清明，日損百分。入芒種，依平。入夏至，日加百分。入處暑畢秋分，均加九日。入寒露，日損百分。入大雪，依平。夕順，入冬至畢立夏，入立秋畢大雪，率百七十二日，行二百六度。入小滿，後十日，益一度，爲定度。入白露，畢春分，差行益遲二分。自餘平行。夏至畢小暑，率百七十二日，行二百九度。入大暑，五日損一度，畢氣盡。平行入冬至，大暑畢氣盡，率十三日行十三度。入冬至，十日損一，畢立春。入立秋，十日益一，畢秋分，啟蟄畢芒種，七日行七度。入夏至，後五日，益一，畢於小暑。

寒露初日，率二十三日，行二十二度，乃六日損一，畢小雪。順遲，四十二日，行三十度，日益遲八分。前疾加過二百六度者，準數損此度。夕留，七日，夕退，十日，退五度。日盡而夕伏。晨平見，入冬至，依平。入小寒，日加六十七分。入立春，畢立夏，均加三日。入小滿，日損六十七分。入夏至，依平。入小暑，日減六十七分。入立秋，畢立冬，均減三日。入小雪，日損六十七分。晨退，十日，退五度。晨留，七日。順遲，冬至，畢立夏，大雪畢氣盡，率四十二日行三十度，日益疾八分。入小滿，率十日損一度，畢芒種。夏至畢寒露，率四十二日行二十七度。入霜降，每氣益一度，畢小雪。平行，冬至畢氣盡，立夏畢氣盡，十三日行十三度。入小寒後六日，益日度各一，畢啟蟄。小滿後，七日，損日度各一，畢立秋。雨水初日，率二十三日行二十三度。自後六日，損日度各一，畢穀雨。處暑畢寒露，無平行。入霜降，後五日，益日度各一，畢大雪。疾行，百七十二日，行二百六度。前遲行損度不滿三十度者，此疾依數益之。處暑畢寒露，差行，日益疾一分，自餘平行，日盡而晨伏。

辰星總率十五萬五千二百七十八，奇六十六。
伏分二萬二千六百九十九，奇三十三。
終日百一十五，餘千一百七十八，奇六十六。
夕見伏日五十二。
晨見伏日六十三，餘千一百七十八，奇六十六。
夕平見，入冬至，畢清明，依平。入穀雨，畢芒種，均減二日。入夏至，畢大暑，依平。入立秋，畢霜降，應見，不見。

其在立秋、霜降氣內，夕去日十八度外，三十六度內，有木、火、土、金星者，亦見。

入立冬，畢大雪，依平。順疾，十二日行二十一度六分，日行一度五百三分。大暑畢處暑，十二日行十七度二分，日行一度二百八十分。平行，七日行七度。入大暑後二日，損日、度各一。入立秋，無此平行。順遲，六日，行二度四分，日行二百二十四分。前疾行十七度者，無此遲行。夕留，五日，日盡而夕伏。晨平見，入冬至，均減四日。入小寒，畢大寒，依平。入立春，畢啟蟄，均減三日。

其在啟蟄氣內，去日度如前，晨無木、火、土、金星者，不見。

入雨水，畢立夏，應見不見。

其在立夏氣内，去日度如前，晨有木火土金星者亦見。

入小滿，畢寒露，依平。入霜降，畢立冬，均加一日。入小雪，畢大雪，依平。晨見，留，五日。順遲，之日行二度四分，日行二百二十四分，入大寒，畢啟蟄，無此遲行。平行，七日行七度。入大寒，後二日，損日度，各一。入立春，無此平行。順疾行，十二日，行二十一度之分，日行一度五百三分。前無遲行者，十二日行十七度一十分，日行一度二百八十分，日盡而晨伏。

各以伏分減總實，以總率去之，不盡，反以減總率，如總法，爲日。天正定朔与常朔有進退者，亦進減退加一日。乃隨次月大小去之，命日筭外，得平見所在。各半見餘，以同半總。太白、辰星，以夕見伏日加之，得晨平見。

各依所入常氣加減日及應計日損益者，以損益所加減訖，餘以加減平見，爲常見。

又以常見日消息定數之半，息減消加，常見爲定見日及分。

置定見夜半日躔，半其分，以其日躔差，乘定見餘，總法而一，進加退減之，乃以其星初見去日度，歲星十四，太白十一，熒惑、鎮星、辰星十七，晨減、夕加，得初見定辰所在宿度，其初見消息定數，亦半之，以息加、消減，其星初見行留日率。

其歲星鎮星不須加減。其加減不滿日者，与見通之，過半從日，乃依行星日度率，求初日行分。

推星平見術　求常見　求定見　初見定辰所在宿度及其它

以上各項求法，和皇極麻比較，有相同的也有不同的。

推星平見術，卽求天正冬至後的平見，与皇極和大衍兩麻全同。

由平見以求常見，須先將前所述星行入常气日，或加減日數，或計日損益，其益疾益遲計祘後，以之加減平見日及餘，卽得常見日及餘。

由常見以求定見，則以常見在前日躔表中所入其氣後其日，取其消息定數的一半，以之息減消加常見日，得定見日及分。求定見日法，應以消息定數的全部分，以加減常見日，這是麟德麻前方法，麟德麻只取半數，殆係实測所得。

置定見日的夜半日躔，而半其分，令：

日躔差又定見餘 以之進加退減夜半日躔，
總法

並以星初見時距日度，如歲星十四，太白十一，鎮星、熒惑、辰星各十七，晨減夕加之，得初見加時所在宿度。亦半其初見日消息定數，以息加消減其星初見行留日率。（其歲鎮星不須加減，或加減不滿日，乃與見通分相加，仍依過半從日的規定，於是依行星日度，求初日行分。）

置定見餘，以減半總，各以初日行分乘之，半總而一，順加逆減，星初見定辰所在度分，得星見後夜半宿度。

以所行度分，順加逆減之。其差行益疾益遲者，副置初日行分，各以其差遲損疾加之，留者因前，逆則依減，以程法約行分為度分，得每日所至。

求行分者，皆以半總乘定度率，有分者從之，日率除為平行度分。置定日率減一，以所差分乘之，二而一，為差率，以疾減遲加平行，為初日所行度及分。

推星見后夜半宿度　求星行每日所至

求平行度分　求初日所行度及分

麟德曆的星定見餘，較前各曆為小，由此

例法，得标式：

$$\frac{(\text{半总}-\text{定見餘})\times\text{初日行分}}{\text{半总}}$$

以之順加逆減星初見加時所在度分，得星見後夜半宿度。這是因為总法的一半，為半日的積日分，由半总減去定見餘，即由定見餘至夜半的積日分；再以初日後所行度分，順加逆減該宿度。若為差行有益疾益迟，則將初日行分，副置一傍，各以積差迟損疾加其副。星若停留不行，則依以前行分。若退行則依后退而減行分，皆以程法除行分為度分，得每日星行所至。

关於求平行度分，及求初日所行度及分，麟德麻与大衍麻同。麟德麻的半总，即大衍麻的辰法。

中宗反正太史丞南宫說以麟德麻上元五星有入氣加減，非合璧連珠之正。以神龍元年歲次乙巳，故治乙巳元麻。推而上之，積四十一萬四千三百之十筭，得十一月甲子朔夜半冬至，七曜起牽牛之初。其術有黄道，而無赤道，推五星先步定合加伏日，以求定見。佗与淳風術同。

所異者，惟平合加減差。既成，而睿宗即位，罷之。

六、唐一行大衍厤資料

大衍厤議(一)

唐書舊唐書厤志

大衍麻议

唐开元九年，麟德麻推算日食比不效，诏僧一行作新麻。一行遍测九服日晷，以定各地见食多少，和北极出地高下。复测二十八宿距度，始觉毕觜参鬼四宿，和古测不同，证明岁差之说有理。据以立術，十五年草成而卒。复诏張说、陳玄景等为编《麻術》七篇，《略例》一篇，《麻議》十篇；十七年颁行。今见於新旧二志者，《麻術》七篇，《麻議》十二篇。《麻術》是麻法本源，《麻議》考古今得失，实为一代名麻，足为後世效法。惟其必欲附会易著，牵合爻象，以眩其立數神奇，而不究其疏之疏略，在它的科学的肌体上，穿上一件神秘的外衣，惑世欺众，则是他一大错误。畴人傳論曰：昔人谓一行窳入於易以眩众，是乃千古定论也。今将《麻議》十二篇缀録诠釋如下：

其一、麻本議曰：易天數五，地數五，五位相得，而各有合，所以成變化而行鬼神也。天數始於一，地數始於二，合二始以位剛柔，天數終於九，地數終於十，合二終以紀閏餘，天數中於五，地數中於六，合二中以通律厤。天有五音，所以司日也；地有六律，所以司辰也。參伍相周，究於六十，聖人以此見天地之心也。

《易繫辭》说："天一，地二；天三，地四；天五，地六；天七，地八；天九，地十。"天地之數，各佔五位。鄭康成和虞仲翔并说：五位是金、木、水、火、土五行的位，并以天地奇偶之數，阴阳配合，而成五行。一行據此因说："易：天數五，地數五，五位相得而各有合。""天數始於一，地數始於二。"乾爲天，坤為地。乾剛坤柔，一行故说："合二始以位剛柔。"天九地十，一行故说："天數終於九，地數終於十。"古厤十九年七閏，一行把十九年的十九折開来，成為十加九，故说："合二終以紀閏餘。"天五地六，一行故说："天數中於五，地數中於六。"五音宫、商、角、徵、羽，配十干：甲、乙、丙、丁、戊、己、庚、辛、壬、癸。古代吹管成律，使陽律六，陰律六，配十二支：子、丑、寅、卯、辰、巳、午、未、申、酉、戌、亥。《易·乾鑿度》说："日干者，五音是也；辰十二者，六律是也。"一行故说："合二以通律厤。"天有五音，所以司日也；地有六律，所以司辰也。"參即三，伍即五。天的中數五，地的中數六，六等于二乘三。2×(3×5)=30，2×(5×3)=30，30+30=60，一行故说："參伍相周，究於六十。"這是中數的交互相用。天地之中，即天地之心。一行故说："以此見天地之心。"

一行在大衍《厤議》开始，就大吹法螺，瞎说一陣，天地始、中、終數值的道理，完全是主觀唯心主義的，和厤法從实测統计得来的科学内容的數值，毫無关係，是兩回事，而是相互對立和矛盾着的，水火不容的。這点一行自己也很明白。但他為什么偏偏要這样说，而且说得很起勁，像煞有介事。這是由於他的修订厤法是為封建統治階級服务，為統治者的："改正朔，易服色，受命於穆清"的皇权神授说張目，并轉以嚇唬劳動人民的本质所决定的。

大衍厤有較為精密的科学内容；但又

塗上一層濃厚的神秘色彩。科学思想和迷信思想交叉混合在一起，我们今天应该用正確的一分為二的觀点来批判地吸收它。不要認為對麽，都是对；錯么都是錯。那是不合乎這一辩法的客观情况的。

自五以降，為五行生數，自六以往，為五材成數，錯而乘之，以生數衍成，位一六而退極，五十而增極。一六為爻位之统，五十為大衍之母。成數乘生數，其筭六百，為天中之積，生數乘成數，其筭亦六百，為地中之積。合千有二百，以五十约之，則四象周六爻也。二十四約之，則太極包四十九用也。綜成數約中積皆十五，綜生數約中積，皆四十，兼而為天地之數，以五位取之，復得二中之合矣。

自五以降，其逆順序數，為五、四、三、二、一，相加得十五，一行稱為五行生數。自六以上，其順序數，為六、七、八、九、十，相加得四十，一行稱為五材成數。《左傳》說："天生五材，民並用之。"這是一行所稱五材的根據；但一行所谓五材，又借指為五行。生數和成數，相互相乘，一行称為："錯而乘之，以生數衍成數。""衍"就是乘，"成數"，原文成下脱一數字。極在五六间，極從五六间，經過五、四、三、二而一，一行称為："位一六而退極"；經過六、七、八、九而十，一行称為："五十而增極。"《易》每卦六爻，初爻始，六爻終。一行故说："一六為爻位之統"。《易》说："大衍之说數五十，其用四十有九。"一行故说："五十為大衍之母。"以成數40，乘生數15，得600，一行称為："天中之積"；以生數15，乘成數40，亦得600，一行称為："地中之積。"兩積相加，共得1200，再用1200÷50＝24＝4×6，一行叫是："四象周六爻"；後以1200÷24＝50＝1+49，一行叫是太極一包，用四十九。综合成數，约天中或地中之積，即600÷40＝15，或以生數约中積，即600÷15＝40。兩數相加，15+40＝55，一行叫说："兼為天地之數"。這數字以5除之，55÷5＝11＝5+6。一行又叫说："復得二中之合矣。"

说来头头是道，有根有据。不懂厤法本源的人，会被他弄得莫明其妙，連々点頭。析开来看，实在是故弄玄虚，搞的數字游戲。哲学是明白学，這是為无产阶级政治和劳动人民服务的。哲学是形而上学，主观唯心主义，说得玄之又玄，那是為剝削阶级服务的。這和剝削阶级的进行政治欺騙本质是一样的。

蓍數之变，九六各一，乾坤之象也；七八各三，六子之象也。故爻數通乎六十，策數行乎二百四十，是以大衍為天地之樞，如環之無端。蓋律厤之大紀也。夫數象微於三四，而章於七八。卦有三微，策有四象。故二微之合，在始中之際焉。蓍以七備，卦以八周，故二章之合，而在中終之際焉。中極居五六间，由闢闔之交，而在章微之際者，人神之極也。

《易·乾鑿度》載："聖人設卦用蓍。"鄭康成注说："蓍者……与天地气氤齊生，应天地大數，叢生四十九莖。"乾為天，坤為地。乾陽九為老陽，為父；坤陰六為老陰為母。九加六得十五，是乾坤之象。七為廿陽，三七相乘得二十一。三少陽，即震長男，坎中男，艮少男。八為少陰，三八相乘得二十四。三少陰，即巽長女，離中女，兑少女。合三少陽，三少陰，得六子之象。一行故說："九六各一，乾坤之象"；"七八各三，六子之象。"二十一與二十四相加得四十二，十五加四十五，共得六十。以四象乘六十，得二百四十。一行故說："爻數通乎六十，策數行乎二百四十。"這些一行認為都是基於叢生四十九莖的蓍，通乎象數的變化而生。故說："大衍為天地之樞，如環之無端。"并進而認為，這是"律厤之大紀"。正是白日做夢！

《易・乾鑿度》載："三王之郊，一用夏正天氣，三微而成一著。三著而成一体。此時天地交，萬物通，故泰益之卦，皆夏之正也。"鄭注說："五日為一微，十五日為一著，故五日有一候，十五成一气。"這是"卦有三微"的来源。"策有四象"，是指陰陽老少。三微四象，合而為七。一行因說："數象微於三四。"天一在始，地六在中，三四在一六中間，一行因說："二微之合，在始之中之際焉。"蓍生四十九莖，為七七相乘的數，因說："蓍以七備。"卦有六十四，為八八乘數，因說："卦以八周。"七与八合而為十五，所謂："章於七八。"天五為數的中，地十為數的終。七八在五与十的中间，一行故說："二章之合，在中終之際焉。"天地的中數，五与六合為十一。在前乎微則闔，后乎章則闢。二微合為七，二章合為十五；五六合為十一，在微七与章十五间，乃天地的中和之數，一行故說："人神之極也。"

說得神秘莫測。這些話不僅毫無意思，而且混淆是非，塞人聪明，可惡之極。我把它先解釋清楚來，就是好讓人家懂得他說的是那麼一回事，从而批判它。有的說：乾脆不要理它。读者不要心急，還是要耐心读下去。大衍曆假使就是這麼一套；那倒十分容易處理了，精彩還在下面。它的科学成就，实在又是驚人的。

天地中積千有二百，揲之以四，為爻率三百，以十位乘之，而二章之積三千，以五材乘八象，為二微之積四十，兼章微之積，則氣朔之分母也，以三極參之，倍六位除之，凡七百六十，是謂辰法，而齊於代軌，以十位乘之，倍大衍除之，凡三百四十，是謂刻法，而齊于德運。半氣朔之母，千五百二十，得天地出符之數，因而三之，凡四千五百六十，當七精返初之会也。

纬书上说："入元三百四歲為德運，七百六十歲為代軌，千五百二十歲為天地出符，四千五百六十歲為七精返初。"天地中積各為六百，相加得千二百。以四除之得三百，所謂："揲之以四"，得"爻率三百"。以十位乘三百，得二章之積三千，又以五材乘八象，得四十，為二微之積。把二章、二微兩積相加，得三千四十，合乎大衍麻的通法。所謂："兼章微之積，為气朔之分母。"以三乘三千四十，更以十二除之，得七百六十，稱為辰法。適和緯书所言"代軌"符合。更以十二乘三千四十，以百除之，得三百四，稱為刻法。適和緯书所言"德运"符合。把"气朔之母"三千四十，折半得千五百二十，適和緯书所言"天地出符之數"相合。復以三乘千五百二十，得四千五百六十，適和緯书所言"七精返初"之会符合。

這里有大衍麻的數值。一行解釋大衍麻這些數值的来源，不说明得之於自然現象的實測，以及前人记録的统计；而是附会於易象、緯书。這是他的花様。我們切不能受他的蒙蔽，陷入泥坑；但也要當心，不要潑污水，連孩子也倒掉了。

易始於三微，而生一象；四象成而後八卦章。三爻皆剛，太陽之象；三爻皆柔，太陰之象。一剛二柔，少陽之象；二柔二剛，少陰之象。少陽之剛，有始有壯有究；少陰之柔，有始有壯有究。兼三才而兩之，神明動乎其中；故四十九象，而大衍之用周矣。

前言："三微成著。"一著就是一象。乾為老陽，坤為老陰。震、坎、艮為三少陽；巽、離、兑為三少陰。陰陽老少的四象成；而後乾坤八卦自然成章。乾三陽爻，三爻皆剛；坤三陰爻，三爻皆柔。震、坎、艮皆一陽爻，二陰爻；巽、離、兑皆一陰爻，二陽爻；所謂一剛二柔，或一柔二剛，生少陽少陰之象。《易·乾鑿度》说：“物有始，有壯，有究，故三畫而成乾。物有陰陽，因而重之，故六畫而成卦。”一行因说：陽剛陰柔，“有始有壯有究”“兼三才而兩之，神明動乎其中。”也就是说：物在太初时為始，太始时為壯，太素时為究；而後天地開闢。卦象因以成立。因此，大衍數中的四十九，即四十九象；事事物物的大業大用都齊備了。

這当然又是一行的胡说别道。

數之德圓，故紀之於三而變於七；象之德方，故紀之以四而變于八。人在天地中，以閏盈虚之變，則閏餘之初，而氣朔所虚也。以終合通大衍之母，虧其地十，凡九百四十為通數，終合除之，得中率四十九。餘十九分之九，終歲之弦，而斗分復初之朔也。地於終極之際，虧十而從天，所以遠疑陽之戰也。夫十九分之九，盈九而虚十也，乾盈九隐乎龍戰之中，故不見其首，坤虚十以導潛龍之氣，故不見其成。

《周髀算经》说："數出於圓方。"《易·乾鑿度》说："陽三陰四，位之正也。"鄭康成注云："三，東方日所出，圓徑一而周三。四，西方日所入，方徑一而匝四。"陽三变為少陽的七，陰四变為少陰的八；一行所谓："數之德圓，故紀之於三而变於七；象之德方，故紀之以四而变于八。"人類生活在自然界中，無月無日不是經受氣朔或閏餘的变化的。天數終於九，地數終於十，合而成十九，称為終合。以終合乘大衍母數五十，得九百五十，减去一十，得九百四十。即為古四分曆一蔀的月數，一行称為通數。通數以終合十九除之，得中平四十九，又十九分之九。一月均分為朔望兩弦，亦即四弦成一月。一年十二月又十九分月之七，十九年得二百三十五月，九百四十弦，這時月朔或月弦及斗分均無餘分，一行故说："終歲之弦，而斗分後初之朔也。"地數終於十，數的終極，適為坤卦的上六爻；根据天玄地黄的邪说，"龍戰於野，其血玄黄"。天地皆受傷了。乾初九爻辞為"潛龍勿用"，是乾盈九，而為不見首的潛龍。坤虛十以迎疑陽的龍戰，所以不見其成，"盈九而虛十。"

一行把大衍曆上的數值，和易經和讖伟之字紧紧搭配起来，讀者需要頭腦頭腦清楚，弄悸他倒底說些什麽？而後再來批判地吸收它。

周日之朔分，周歲之闰分，与一章之弦，一蔀之月，皆合於九百四十，蓋取諸中率也。一策之分十九而章法生，一揲之分七十六而蔀法生。一蔀之日，二萬七千七百五十七，以通數约之，凡二十九日餘四百九十九，而明相交於朔，此之交之绝也。

合朔一周，而有朔分；歲終一周，而有闰餘。在四分曆中，經過十九年而闰餘、朔分都盡。一章的月弦，一蔀的月數，同歸於九百四十的通數，一行所謂："以終合除通數，得中率四十九，又盈九而虛十也。"四分曆十九年七闰，以十九年為一章，四章七十六年為一蔀。以四分曆歲實三百六十五日又四分日之一，乘以七十六，得得"一蔀之日二萬七千七百五十九"。（原文五十九，傳刻误作五十七。）後以通數九百四十约之，即 $27759日\div940=29日\frac{499}{940}$，恰等於日月一回合朔日數。這个數值，是以终合通大衍母數，彰其地十而得通數，与《易》言揲策六爻的记録巧合。

以卦當歲，以爻當月，以策當日，凡三十二歲而小终，二百八十五小终而与卦運大终，二百八十五則参伍二终之合也。數象既合，而遯行之變在乎其间矣。所谓遯行者，以爻率乘朔餘，為十四萬九千七百，以四十九用二十四象虚之，復以爻率约之，為四百九十八微分七十五太半，則章微之中率也。

《易·乾鑿度》说："積歲二十九萬一千八百四十，以三十二除之，得九千二百二十周。此谓卦當歲者。"一行说："以卦當歲"，即"以三十二除"，以三十二卦為一周。《易·乾鑿度》又说："積月三百六十萬九千六百，以三百八十四爻除之，得九千四百周。此谓爻當月者。"用算式表之，即為：

$$291840\times 12\frac{7}{19}\text{月}=3609600\text{月},$$

$$\frac{3609600}{384\text{爻}}=9400\text{周}，即以384爻為一周。$$

《易·乾鑿度》又说："積日萬六百五十九萬四千五百六十，萬一千五百二十策除之，得九千二百五十三周。此谓策當日者。"以算式表之，即：

$$291840\text{歲}\times 365\frac{1}{4}\text{日}=106594560,$$

又乾策216，坤策144，合為360，以32卦乘之，得11520策。今由

$$\frac{106594560}{11520}\text{策}=9253\text{周}，$$ 即以11520策為一周。

緯書所説："卦當歲"。知32歲，為一小終，乘250小終，得9120終，符合於卦當歲的周數。一行因説："285小終而與卦運大終。"這285數值來源，是從參伍二數遞乘而得，以3乘天地合終數19，得57；復以5乘57，得285。一行因説："285則參伍二終之合。"數象既已符合，把古四分曆的朔餘，加以變動，就可應用，一行故説："遯行之変，在乎其間。"遯行一義，就是把古曆朔餘499，乘以通率300，得149700。復以大衍49用，象統24象，共73，虛而相減，即149700−73=149627，復以通率300除之，得498又微分75不盡，所減數甚微，一行因説："章微之中率也。"

二十四象，象有四十九蓍，凡千一百七十六，故虛遯之數七十三，半氣朔之母，以三極乘參伍，以兩儀乘二十四變，因而并之，得千六百一十三為朔餘，四揲氣朔之母，以八氣九精，

遡其十七，得七百四十三為氣餘，歲八萬九千七百七十三而氣朔会，是謂章率。歲二億七千二百九十萬九百二十而無小餘，合于夜半，是謂蔀率。歲百之十三億七千四百五十九萬五千二百，而大餘與歲建俱終，是謂元率，此不易之道也。

二十四象，每象四十九蓍，即 24X49=1176；24+49=73。氣朔以3040為分母，折半得1520，以"三極乘參伍"，即 3X15=45；"以兩儀乘二十四爻"，即 2X24=48；三項相加，即 1520+45+48=1613，即以為朔餘。除以通法3040，得53刻5分90秒有奇，為朔小餘。

《易·繫辭》說："揲之以四"。以四除通數，得760，為发斂術所用的辰法。辰法内減去二分二至及四立的八氣之八，日月五星和羅计二星的九精之九，所謂："遡其十七"，得743，即為氣餘。加通法3040，乘以一歲大餘365日，得策实110343，以朔餘1613，和通法乘朔大餘29日，相加得揲法89773，所謂"氣朔会"，称為章率。以通法乘章率，得200072900920，而無餘分，復得夜半為起算點，術為蔀率。又以60乘蔀率，得63000745952000，術為元率。元率可為紀法1520除盡，一行所謂"大餘与歲建俱終。"這是一定不移的道理。

策以紀日，象以紀月，故乾坤之策，三百六十為日度之準。乾坤之用，四十九象，為月弦之檢。日之一度，不盈全策，月之一弦，不盈全用。故策餘萬五千九百四十三，則十有二中所盈也。用差萬七千一百二十四，則十有二朔所虛也。綜盈虛之數，五歲而再閏，中節相距，皆當三五，弦望相距，皆當二七。升降之應，發斂之候，皆紀之以策，而從日者也。表裏之行，朓朒之變，皆紀之以用，而從月者也。

策实和揲法，都以通法3040除之；或得歲实365日有奇，和上下弦及朔望四象，一行所謂："策以紀日，象以紀月。"从卦位说，適合乾坤之策360的大數，為日度的準則。从揲四分而言，符合乾坤之用四十有九，為月弦的檢驗。日度不盈全策，有中盈分$1328\frac{14}{24}$，積12中，得策餘15943；月弦不盈全用，有朔虛分1427，積以朔，得用差17124，綜盈虛之數，策餘和用差兩數相加，積五歲得兩个闰月，恰合《易·繫辭》所说："歸奇於扐以象闰，五歲再闰。"中氣和節氣相距的日數，為3×5=15日有奇；弦和朔望相距的日數，仍為2×7=14日有奇。太陽在黄道上運行，所谓：升降、发斂。一行紀以卦策而从日。月球在白道上，即黄道的表里运行，及西東朓朒，一行紀以揲用而从月朔。

這里一行已在逐漸的樸素的講述大衍麻法上的東西了。

積算曰演紀，日法曰通法，月氣曰中朔，朔實曰揲法，歲分曰策實，周天曰乾實，餘分曰虛分，氣策曰三元。一元之策，則天一遯行也。月策曰四象，一象之策，則朔弦望相距也。五行用事曰發斂，候策曰天中，卦策曰地中，半卦曰貞悔，旬周曰爻餘，小分母曰象統。

一行這段術語，是大衍麻的各法數和專名，將於《大衍麻術》中一一詳述。這里暫行省略。其中"天一遯行"

一辞，即一元之策，亦即天中之策。根据遁甲，以五日有奇为一元。

日行曰躔，其差曰盈缩。积盈缩曰先後。古者平朔，月朝見曰朒；夕見曰朓。今以日之所盈缩，月之所遲疾損益之，或進退其日，以为定朔。舒亟之度，乃數使然。躔離相錯，偕以損益。故同谓之朓朒。月行曰離，遲疾曰轉，度母曰轉法，遲疾有衰，其變者势也。月逶迤馴屈，行不中道，進退遲速，不率其常。過中則为速，不及中則为遲。積遲谓之屈，積速谓之伸。陽執中以出令，故曰先後。陰含章以听命，故曰屈伸。日不及中則損之，過則益之。月不及中則益之，過則損之。尊卑之用睽，而及中之志同。

從地球上看，太陽在黄道上的"視動"每日并不平行。這種自然現象，"其差曰盈缩。"计算這盈缩積數，称为"先後"。月球繞地球运行，每日也不平行，而有遲疾。遲疾有衰，可用數值计算。具体计算，見於《大衍曆術》日躔及月離篇中，這里暫不叙述。在劉洪乾象曆前，認为日月運行，都是平行，曆家计算日月合朔，总是一大一小，平均分配，称为平朔，也称为经朔。实際天象，遇到月行遲時，則平朔时月還未追及日；因此朝見東方，称之為朒。遇到月行疾时，則平朔時月追過日，而夕見西方，称之为朓。中国天文曆学進步，覺察到這一自然現象，於是損益日所盈縮和月所遲疾，以为定朔。這样调整以後，可使定朔在平朔的前一日，或後一日。一行所謂："進退其日。"和"舒亟之度，乃數使然；躔離相錯，偕以損益。"大衍曆術正文中日躔、月離兩表中都有"朓朒積"的項目，就是對於這一自然現象的具体的觀測、记録和计算，那是有它較为嚴密的科学内容的。讀者不要为一行所曖昧的形而上学的東西所迷惑，看不到這些光輝的東西；那是恰恰说明讀者不善於分析，或是自己缺乏科学頭腦和知識了。月行遲疾，和月的平行相較，成为过与不及現象，一行所謂："遲速馴屈"，"不平其常。""陽日先後"，"陰日屈伸。"於是盈遲为加，縮疾为减，一行所謂："尊卑之用睽，而及中之志同。"

觀晷景之進退，知軌道之升降，軌與晷名殊而義合，其差則水漏之所從也。總名曰軌漏，中晷長短，謂之陟降。景長則夜短，景短則夜長；積其陟降，謂之消息。

這里解釋关於"步晷漏術"的一些名词和内容的含義。軌晷二字，同出一原。義同而有區分。在天曰軌，就是太陽每年所經的軌道；在圭景曰晷，就是日影一年所經過的長短；所以軌道升降，基於晷景長短。水漏的記録就是和日影長短相联系而成比例的。每年冬至景最长，夜則漸短，到夏至則相反。這種关係，称为消息。因此大衍曆的"消息定衰"，就是每日正午晷景長短的積數，和"陟降率"密切联系着的。

遊交曰交会，交而周曰交終，交終不及朔，謂之朔差。交終不及望，謂之望差。日道表曰陽曆，其裏曰陰曆。

這里解釋"步交会術"的一些名词含義。所謂："交会""交終""朔差""望差"等将於大衍曆術"步交会術"中叙述。日道即黄道。月道即白道，在天球上和黄道相交，其交點南的半圈，就是日道表，称为陽曆；

交点在北的半圈，就是日道里，称为阳厤。前在乾象厤、景初厤和元嘉厤中都是说及，读者可以参考。

五星见伏周，谓之终率；以分从日，谓之终日，其差为进退。

"见伏周"、"终率"、"终日"，这些名词都将於《大衍厤术》"步五星术"内解释。所谓乾象厤中的"进退积"，和日躔表中的"先後数"，内容相通，也一起说明。

其二中气议曰：厤气始于冬至，稽其实，盖取诸晷景。春秋传僖公五年正月辛亥朔日南至。以周厤推之，入壬子蔀第四章，以辛亥一分合朔冬至。殷厤则壬子蔀首也。昭公二十年二月己丑朔日南至，鲁史失闰，至不在正。左氏记之，以惩司厤之罪。周厤得己丑二分，殷厤得庚寅一分。殷厤南至，常在十月晦，则中气後天也。周厤蚀朔，差经或二日，则合朔先天也。传所据者周厤也。纬所据者殷厤也。气合于传，朔合于纬，斯得之矣。戊寅厤月气专合于纬，麟德厤专合于传。偏取之，故两失之。

用土圭来测日影，冬至這天影子最長；因此古人制厤，一年二十四氣，必以冬至为始，作为厤初，或兼为正朔。《春秋传》僖公五年："正月辛亥朔日南至。"周的正月，就是以含有中氣冬至的月，所谓："周正建子。"一纪千五二十年，分为二十蔀，一蔀为七十六年。殷厤纪首为成湯十三年，相当于公元前1567年。纪首日名为甲子。僖公五年相当于公元前655年。由1567－655＝912＝12×76，所以僖公五年正月朔，殷厤入纪912年，亦即第十三蔀壬子蔀首。四分厤歲实为365.25×912＝333108日，满60去之，餘數为48日。从甲子起算，至49个干支得壬子，所以一行说："殷厤则壬子蔀首也。"周厤纪首，和殷厤相較，应推上57年，即三个章數。但三章日數，为3×19年×365.25＝20819日.25，故以周厤纪首，至殷厤壬子蔀的前一日止，为333108＋20819.25＝353927日.25，满60去之，餘數为47.25，小數不计，餘數相比，则殷周二厤，相差一日，一行故说："以辛亥一分合朔冬至。"（即四分日之一分。)

又昭公二十年"二月己丑朔日南至。"周正月应为含冬至的月，今书二月，明明少放一个闰月，《左传》写出，是揭露历官失职，十分清楚。

从壬子蔀首，到昭公二十年恰为133年＝7×19，为入辛卯蔀第四章。由

133×365.25＝48578.25日，满60去之，馀数为38.25日。从壬子起到39干支为庚寅，一行故说："殷历得庚寅一分。"周历则比殷历退一日一分，一行故说："周历得己丑二分。"殷历推南至一为壬子蔀首，一为庚寅一分，比辛亥、己丑，均後一日，是在十月晦，而不在周正月朔，這明明是中氣後天。周历推蝕朔，结合大衍历後文"合朔议"和《春秋经》的记载相較，差或二日，這明明是合朔先天。這里可以看出《左传》所根据的是周历；《传》书所根据的是殷历。照理必须"氣合於傳，朔合于經"，方才正確。

但傅仁均的《戊寅历》上，戊寅岁至武德九年丙戌（相当於公元626）的前一年止，得164348年，僖公五年相当于公元前655

年，戊寅麻上元至僖公五年前一年止，共積

$$164348-(625+655)=163068\text{年}。$$

又戊寅麻嵗实为 $\frac{3456675}{9464}=360+\frac{49635}{9464}$；

戊寅麻上元至僖公五年前一年止的積月为

$\left(360+\frac{49635}{9464}\right)\times163068$，棄去60的倍數的乘數，得

$$163068\times\frac{49635}{9464}=8093880180/9464$$

$$=855228\frac{2388}{9464},$$

满60去之，得 $48\frac{2388}{9464}$，故从甲子起算，得48个干支为

辛亥，第49干支为壬子，可見戊寅麻推春秋僖公五年日南至，適和殷麻符合。

唐《麻志》載：傅仁均作戊寅元麻，於考驗大事中，其第四事为："鲁僖五年壬子冬至合春秋命麻序，"是有根据合乎事实的。

李淳风的麟德麻，用同样方法，推僖公的日南至。得

$1406547\frac{756}{1340}$日，满60去之，餘數为 $47\frac{756}{1340}$，从甲子起算，至第47日为庚戌，第48日为辛亥，故一行说：

"戊寅曆月氣专合于纬，麟德曆专合于传。偏取之，故两失之。"

又《命曆序》以為孔子修《春秋》，用殷曆，使其數可傳於後，考其蝕朔，不与殷曆合。及開元十二年，朔差五日矣。氣差八日矣，上不合於經，下不足以傳於後代。蓋哀平間治甲寅元曆者託之。非古也。 又漢太史令張壽王說黃帝调曆，以非太初，有司劾官有黃帝调曆，不与壽王同。壽王所治，乃殷曆也。漢自中興以來，圖讖漏泄，而《考靈曜》、《命曆序》皆有甲寅元，其所起在四分曆庚申元後百一十四歲。延光初中謁者亶诵，靈帝時五官郎中馮光等，皆请用之。卒不施行。緯所載壬子冬至，則其遺術也。《魯曆》南至，又先《周曆》四分日之三，而朔後九百四十分日之五十一，故僖公五年辛亥，為十二月晦，壬子為正月朔，又推日蝕，密於殷曆，其以閏餘，一為章首。亦取合於當時也。

《春秋命曆序》載："孔子修春秋，用殷曆。"蓋以孔子殷人，春秋记事，就用殷曆。然实際考察，所記蝕朔，和殷曆不符。用殷曆推算開元十二年氣朔，發覺朔差五日，氣差八日，可見現今所傳殷曆，非古時原有，大概是漢哀帝、平帝时讖緯之学盛行時假托的。

漢太史令張壽王依据黄帝调曆，来非議太初曆法。當時丞相属官等举出官家原有黄帝调曆，和他所说不同；他所研究的实際却是殷曆。

《续汉志》载太史待诏霍融上言："中兴以来，图讖漏泄；而《考灵曜》《命曆序》皆有甲寅元，其起在四分庚申元後百一十四歲，朔差却二日。"可見殷曆非古。惟六曆皆为四分曆，合於图纬，故当时士大夫深信之。延光初中谒者亶诵，灵帝時五官郎中馮光均上书用甲寅元。光说："曆元不正，故妖民叛寇。今不用甲寅元，而用庚申，图纬无以庚申为元者。"這是根据《命曆序》所載"魯僖公五年正月壬子冬至"，是从殷曆甲寅元推算的而说的。

顾观光《六曆通考》和日人新城新藏《東洋天文学史研究》，用《周曆》推算鲁僖公五年正月辛亥朔。周曆上元距僖公五年前一年，積 2759769 歲，除以一元 4560 歲，剩餘为 969 歲，得入天紀後第十三蔀第四章首，次以積年 969 乘章月 235，再除之章歲 19，即：

$$969\times\frac{235}{19}=\frac{227715}{19}=11985\text{日},$$

再由四分麻，求積日。令：

$$11985\text{日}\times\frac{27759}{940}\text{一月日數}=353927\frac{235}{940}\text{日},$$

满 60 除之，得 $47\frac{235}{940}=47.25$，即辛亥一分合朔。若以　鲁麻推之，鲁麻上元先周麻 197 年，故僖公五年前一年止，为入天紀 1166 年，乘以一年日數，即

$$1166\times\left(360+\frac{21}{4}\right)\text{(去其60之乘數)}$$

$$=1166\times\frac{21}{4}=6121.50\text{日},$$

满 60 去之，得 1.5 日，即乙丑二分。

又以鲁麻推僖公五年正月朔，先得入天紀 1166 年，次由

$$\frac{1166\times235+1}{19}\text{(其中加闰餘一)}$$

$$=\frac{274011}{19}=14421\frac{12}{19},$$

更由 $14421\text{日}\times\frac{27759}{940}=425864\frac{379}{940}$，

滿60去之，得$44\frac{379}{940}$，為戊辰一分大。

這和一行所说：

"魯麻南至，又先周麻四分日之三，而朔後九百四十分日之五十一。……密於殷麻。"不相符合，不審何故？

漢志说：魯麻不正，以闰餘一之歲為蔀首。一行據此立说，故有取合当時之語。

開元十二年十一月，陽城測景，以癸未極長，較其前後所差，而皇極、戊寅、麟德麻皆得甲申。（則夜半前尚有餘分，新麻大餘十九，加時九十九刻。）

開元十二年十一月，在標準地域陽城实測晷景。最長時，所交冬至时刻，在癸未日。但比較前後所差时刻，則夜半前尚有餘分。

依據大衍麻推标。从上元96961741年起标，積日為：

$$96961741\times\left(360+\frac{15943}{3040}\right)\text{去其60倍數之乘數}$$

$$=96961741\times\frac{15943}{3040}=\left(31860+\frac{107341}{3040}\right)15943$$

$$\text{仍去其60倍數之乘數}=107341\times\frac{15943}{3040}=562939\frac{3003}{3040},$$

满60仍去之，剩余为 19日99刻，得癸未九十九刻。

如以皇極、戊寅、麟德三曆求之：則得甲申，即在癸未的後一日。

不過实際上一行所说，与事实不符。不知何故？试以皇極曆推求之：

皇極上元距開元十二年十一月，積1008961嵗，嵗數为17036466.5，氣日法为46644，以氣日法除嵗數，得嵗实，故中積＝積嵗×嵗实

$$1008961\times\frac{17036466.5}{46644}=1008961\left(360+\frac{244636.5}{46644}\right)$$

去其60倍數之乘數，

得，$1008961\,\frac{244636.5}{46644}=\frac{146828687676.5}{46644}$

$=3147857\,\frac{45768.5}{46644}$，

满60去之，得剩餘为 $17日\frac{45768.5}{46644}$，应得辛巳日。并非甲申。用同法依戊寅、麟德二曆推之，亦与一行所说不符。

以玄始曆氣分二千四百四十二為率，推而上之，則失春秋辛亥，是減分太多也。以皇極曆氣分二千四百四十五為率，推而上之，雖合

春秋，而失元嘉十九年乙巳冬至，及開皇五年甲戌冬至，七年癸未夏至。若用麟德厤率二千四百四十七，又失春秋己丑，是減分太少也。故新厤以二千四百四十四為率，而舊所失者皆中矣。

趙敺的玄始厤，歲实为 365日$\frac{1759}{7200}$，分子1759，称为斗分；如以10000为母，除得2443，称为氣分，亦即歲餘。尚嫌太多，故用以上推春秋辛亥日南至，和实際不符。

刘焯的皇極厤，歲數为1703646.5，氣日法为46644，以氣日法除歲數得365日$\frac{11406.5}{46644}$，将分母除分子，得$\frac{2445}{10000}$，以之上推春秋辛亥，虽能符合。然对于元嘉十九年乙巳冬至，和隋開皇五年甲戌冬至，七年癸未夏至，均不相合。

李淳风的麟德厤，朞实为489428，总法为1340，以总法除朞实得365日$\frac{328}{1340}$，故其氣分为2447有奇。用以上推春秋己丑日南至，不能符合。歲餘還嫌太强。

大衍厤看到這一问题，把氣分析中定为 2444；这样用来推标上述各项，皆能適中。

实际上各厤歲餘太强，推标有合有不合；還有别的原因。這一現象，較为複雜，一行只看到一个方面，是不能完全说明和解决问题的。将於另文論之。

漢会稽東部尉刘洪以四分疏闊，由斗分多，更以五百八十九為紀法，百四十五為斗分，减餘太甚，是以不及四十年，而加時漸覺先天。韓翊、楊偉、刘智等皆稍損益，更造新術，而皆依讖緯三百歲改憲之文，考經之合朔多中，較傳之南至則否。玄始厤以為十九年七闰，皆有餘分，是以中氣漸差。據渾天二分為東西之中，而晷景不等；二至為南北之極，而進退不齐，此古人所未達也。更因刘洪紀法，增十一年以為章歲，而减闰餘十九分之一。春秋後五十四年，歲在甲寅，直應鍾章首，与景初厤閏餘皆盡，雖減章閏，然中氣加時尚差，故未合于春秋，其斗分幾得中矣。

刘洪作乾象厤，先定斗分为145，紀法为 589，用来矯正四分厤斗分大，减

去 $\frac{22.5}{589}$，得歲餘 $\frac{2402}{10000}$；一行認為減餘太甚，經過四十年，漸覺厤書上的氣朔，要比真正的氣朔為先，所謂"先天"。

韓翊、楊偉、劉智等就增加斗分，依緯書所載四分厤三百年多一日的學說，即：

$365.25 \times 300 = 109575$日，減去一日，得 109574日，一年日數改為：

$$\frac{109574}{300} = 365\frac{37}{150}$$

劉智就據此造厤。歲餘為 $\frac{2466}{10000}$。

韓翊的黃初厤，則以 4883 為紀法，1205 為斗分。即以 $\frac{2468}{10000}$ 為歲餘。

楊偉的景初厤，以 455 為斗分，以 1843 為紀法，故歲餘為 $\frac{2469}{10000}$。

可見這三種歲餘，都比乾象厤的大。這樣用來推算春秋經的合朔，很多符合；但用以推算春秋傳的兩日南至，卻不適合。

趙𢾺的元始厤，從實踐推知十九年七閏，尚有餘分，中氣漸覺差異。

近來根據渾儀實測，知春秋分點為

東西的中间，冬夏至点为南北的極處，只以測驗晷景时，加时有早晚，太陽行度有盈朒，在二分时就觉晷景不等，二至時晷景進退不齐。這些現象，是古人還未理解的。玄始麻为了矯正十九年七闰的误差，把乾象麻的纪法589，增加11年，得600年，以之为章歲，更从比例式：

$$\frac{7}{19}=\frac{x}{600}，得\ x=\frac{4200}{19}=221\frac{1}{19}，$$

減去$\frac{1}{19}$，以221为章闰。這就是麻法史上的所谓：趙𢿱首破古章法，是他的大胆改革。

春秋後54年，相当於周考王14年，（公元前427年）以景初麻推之，自景初上元壬辰至景初元年丁巳（公元237年）積4046年。由景初上元至春秋後54年的第一年止，積3382年，適為178章，将年数化为月数，即

$$3382\times\frac{纪月}{纪法}=3382\times\frac{22795}{1843}=41839月，$$

即闰餘　　　　巳尽。表　　示春秋後54年，为入景初麻179章首。

後以玄始麻推之。自玄始上元甲寅，

至玄始元年壬子，（公元412年）積61438年。自玄始上元至春秋後54年的前一年止，積60599年，玄始章月為7421，將積年化為月數，即$60599 \times \frac{7421}{600}$。照此計算，結果和一行所說不符。若將上式改為：

$$(60600-1)\frac{7421}{600}=749521-\frac{7421}{600}$$

即在玄始上元積年內算入春秋後54年這一年，閏餘和景初曆一樣皆盡。然後復將749521月，化為日數，即：

$$積月\times\frac{周天}{日法}=749521\frac{2629759}{89052}$$

$$=22133807日\frac{14475}{89052}$$

更於數內減去一年日數，$365日\frac{1759}{7200}$，得$22133441日\frac{81771\frac{732}{7200}}{89052}$，滿60去之，剩餘為：

$$41日\frac{81771\frac{732}{7200}}{89052}$$，但和一行所說："直應鐘章首"亦不符。

律呂應鐘，十二支為亥。應鐘章首，就是章首日名，應為亥日。今由上述計示，日名为乙巳，故知不合。

玄始麻，雖減去章闰，其中氣加時，仍未得当，以之课校春秋，仍不符合；但它所定斗分，几乎可以視为恰当的。

後代麻象皆因循玄始，而損益或過差。大抵古麻未減斗分，其率自二千五百以上。乾象至于元嘉麻，未減閏餘。其率自二千四百六十以上。玄始、大明、至麟德麻，皆減分破章。其率自二千四百二十九以上，較前代史官注記。惟元嘉十三年十一月甲戌景長，皇極、麟德、開元麻皆得癸酉。蓋日度變常爾。祖沖之既失甲戌冬至，以為加時太早，增小餘以附会之，而十二年戊辰景長得己巳。十七年甲午景長得乙未。十八年己亥景長得庚子。合一失三，其失愈多。刘孝孫、張胄玄因之，小餘益彊。又以十六年己丑景長為庚寅矣。治麻者糾合眾同，以稽其所异。苟獨异焉，則失行可知。今曲就其一，而少者失三，多者失五，是捨常數而從失行也。

玄始麻以後的麻家，都以玄始麻为

標準；但損益斗分，或不適当。古厤歲餘，大抵皆$\frac{2500}{10000}$以上。自乾象厤至元嘉厤，均沿用十九年七闰法，歲餘在$\frac{2460}{10000}$以上。玄始厤开始用破章法。祖冲之大明厤，則以古法二十章，加十一年及四闰，定391年，有144闰。李淳風麟德厤進而打破古来章、蔀、紀、元諸法，廢去章歲。這三厤都是打破古章法框子的。歲餘均在$\frac{2429}{10000}$以上。

現在復核前代史官記注所載，如元嘉十三年十一月甲戌冬至，以何承天元嘉厤推之：元嘉上元至元嘉十三年冬至，積5697年。以608年为一紀，經六紀（为一元）而紀首日名，復值甲子。故積年減去六紀3648年，得2049年，以608去之，餘225年，为入第四甲午紀入紀年數，就是紀首日名为甲午。

元嘉厤歲实为$\frac{紀日}{紀法}=\frac{周天}{度法}=\frac{111035}{304}=360+5\frac{75}{304}$，以

年數×歲实$=225\times(360+5\frac{75}{304})=1125+55\frac{155}{304}=1180日\frac{155}{304}$，以60去之，餘

4日$\frac{155}{304}$，从甲午日起标，干支顺序41得甲戌日。

如以皇极、麟德、开元诸麻推之：一行以为皆得癸酉日，日景最長。較史记均早一日。原因是"日度変常"。

但据推算，三麻均不得癸酉，不知何故？一行"日度变常"的解釋，也不合理，没有理解真正的原因所在？

祖冲之用大明麻推标，也不得甲戌。他於是增加冬至小餘来湊合它。這样一来，他用来推标：十二年戊辰日的冬至；十七年甲午日的冬至；和十八年己亥日的冬至，都後了一日，不能符合。一行批评他："合一失三，其失益多。"

刘孝孫、張胄元又沿襲祖冲之的方法，多增小餘。所推元嘉十六年乙丑日冬至，也晚了一天。不是己丑，而为庚寅。

麻家测算天象，應该遵從符合大都实录所记的，来研究个别不同的。假使碰到突出不同的，那想是有特殊情况了。（這特殊情况，一行以为是日度失行，那是囿於当时的科学水平而這样说的。）

現在買然增加小餘，藉以使它齐一。结果，祖冲之"失三"；刘孝孫、張胄元"失五"，這是放棄常數，而依從特殊情況了。顯然是不恰当的。

周建德六年，以壬辰景長，而麟德、開元麻皆得癸巳。開皇七年，以癸未景短，而麟德、開元麻皆得壬午。先後相戾，不可叶也。皆日行盈縮使然。凡麻術在於常數，而不在於變行，既叶中行之率，則可以兩齊先後之變矣。麟德已前，實録所記，乃依時麻书之，非候景所得，又比年候景長短不均，由加時有早晏，行度有盈縮也。自春秋以来，至開元十二年，冬夏至凡三十一事，戊寅麻得十六，麟德麻得二十三，開元麻得二十四。

北周武帝建德元年，相当於公元572年。以当時所用甄鸞所造的天和麻推祘，是歲壬辰冬至。然以麟德、開元麻推祘，卻是後一日癸巳。隋文帝開皇七年，即公元587年，以当時所用張賓所造開皇麻推祘，是歲癸未夏至。然以麟德、開元麻推祘，皆为先一日壬午。前後冬夏至隔15年，先後相差一日，這是由於日行盈缩的缘故。麻家应当重視常數，而不重在於變行。假使符合於中行的規率，那就可以統一它的先後變化。在麟德麻以前，史官所书实录，不是從實測晷景，而是根据時麻推示。不過近来候景所得，也是長短不均，這是由於测景的人所定的小餘，并不正確，即加时有早晚；同时，日行又有盈缩的。今自春秋至開元十二年止，冬夏至凡三十一事，用各麻来復核。其间戊寅麻得中十六事，麟德麻得中二十三事，開元麻得中二十四事。

其三合朔議曰：日月合度謂之朔，無所取之，取之蝕也。春秋日蝕有甲乙者三十四。殷麻、魯麻先一日者十三，後一日者三，周麻先一日者二十二，先二日者九，其僞可知矣。

日月運行在同经度時，稱為合朔。合朔可用什么来做推示正確的標準呢？以日月交食為主。《春秋》上记日食蝕，附有干支日名的，有三十四个。我们如用殷麻、魯麻来推示，结果得十三个是先一日的，三个後一日的；如用周厤来推祘，先一日的二十二个，先二日的九个。可見这三種厤法不是当時所行的厤，是後来假托的。

莊公三十年九月庚午朔，襄公二十一年九月庚戌朔，定公五年三月辛亥朔，當以盈缩遟速為定朔，殷厤雖合適然耳，非正也。僖公五年正月辛亥朔，十二月丙子朔，十四年三月己丑朔，文公元年五月辛酉朔，十一年三月甲申晦，襄公十九年五月壬辰晦，昭公元年十二月甲辰朔，二十年二月己丑朔，二十三年正月壬寅朔，七月戊辰晦，皆與周厤合。其所記多周齊晉事，蓋周王所頒，齊晉用之，僖公十五年九月己卯晦，十六年正月戊申朔，成公十六年六月甲午晦，襄公十八年十月丙寅晦，十一月丁卯朔，二十六年三月甲寅朔，二十七年六月丁未朔，与殷厤魯厤合，此非合蝕，故仲尼因循時史，而所記多宋魯事，与齊晉不同可知矣。昭公十二年十月壬申朔，原輿人逐原伯絞，与魯厤周厤皆差一日，此丘明即其所聞書之也。僖公二十二年十一月己巳朔，宋楚戰于泓，周殷魯厤皆先一日，楚人所赴也。昭公二十年六月丁巳晦，衛侯与北宫喜盟，七月戊午朔，遂盟國人，三厤皆先二日，衛人所赴也。此則列國之厤，不可以一術齊矣。

莊公三十年九月庚午朔，
襄公二十一年九月庚戌朔，
定公五年三月辛亥朔，

这三个朔日，不能用古厤習用的平朔计标，应当考慮盈缩、迟疾的条件，而用定朔。殷厤推标雖然符合，是偶然的，不能作为標準的。

僖公五年正月辛亥朔，
十二月丙子朔，
十四年三月己丑朔，
文公元年五月辛酉朔，
文公十一年三月甲申晦，
襄公十九年五月壬辰晦，
昭公元年十二月甲辰朔，
二十年二月己丑朔，
二十三年正月壬寅朔，

七月戊辰晦，

這七个朔日，三个晦日，用周厤推标，適皆符合。其所记事，周齐晋为多，這是由于齐晋是用周厤的缘故。

僖公十五年九月己卯晦，

僖公十六年正月戊申朔，

成公十六年六月甲午晦，

襄公十八年十月丙寅晦，

襄公十八年十一月丁卯朔，

二十六年三月甲寅朔，

二十七年六月丁未朔，

這四个朔日，三个晦日，所記宋鲁事多，宋为殷後，和殷厤、鲁厤相合。盖孔子採取宋鲁史料，因此和齐晋是不同的。

昭公十二年十月壬申朔，原輿人逐原伯绞，用鲁厤、周厤推标，都差二日，這是左丘明把听到的事，直记於简策的。

僖公二十二年十一月己巳朔，宋楚戰于泓，用周厤、殷厤、鲁厤推标，都先一日，這是由於楚人獲勝，左傳所记是楚人赴告的厤日。

昭公二十年六月丁巳晦，衛侯与北宫喜

盟，七月戊午朔，遂盟國人。

用周麻、殷麻、魯麻推示，均先二日。這是由于衛人赴告，因此左傳上记載了衛国的麻日。

从以上這些事例看来，春秋各国所用的麻日，各自为政，并不統一的。

而長麻日子，不在其月，則改易闰餘，欲以求合，故閏月相距，近則十餘月，遠或七十餘月，此杜預所甚繆也。夫合朔先天，則經书日蝕以糾之。中氣後天，則傳书南至以明之。其在晦二日，則原手定朔以得之。列國之麻或殊，則稽於六家之術以知之。此四者，皆治麻之大端，而預所未曉故也。

晉杜預作《春秋長麻》，安排麻日干支，有不符合時，往往增多或减少閏餘，使之適应。古麻十九年七闰，两闰相距約三十二三个月。杜預長麻内闰月相距，近則十餘月，遠的有七十餘月，這顯然是很錯误的。在《春秋經、傳》内，如遇合朔先天，就写"日有食之"，以为纠正。遇着中氣後天，就写"日南至"，以使了解。若合朔在麻书的前一日，或後一日，就用定朔的理論来，推综它。若遇到经、傳上所书由於各國厤法不同，而有差異；就用六厤来互相推求。這四点是治厤的重要項目，可惜杜預都没有懂得。

新厤本春秋日蝕，古史交会加時及史官候簿所详，稽其進退之中，以立常率，然後以日躔月離先後屈伸之變，皆損益之，故經朔雖得其中，而躔離或失其正。若躔離各得其度，而經朔或失其中，則參求累代，必有差矣。三者迭相為經，若權衡相持，使千有五百年間，朔必在晝，望必在夜，其加時又合，則三術之交，自然各當其正。此最微者也。若乾度盈虛，與時消息，告譴於經數之表，變常於潛遯之中，則聖人且猶不質，非籌厤之所能及矣。

大衍厤就是根据春秋所記日蝕，史书所记日月交会時刻，史官观测记録，求其平均率。然後用日躔盈缩，月離遲疾所形成的先後屈伸的变化，"皆損益之"。有時就经朔論，適得其中；但就日月躔離說，或失其正。有时躔離各得其度，而经朔或失其中。這样考察厤代，必有差失。所以要把：春秋日蚀、古史交会加时，和史官候簿所详三项反复推究，好比权衡，务得其平。自春秋至开元十二年的千五百年，要做到朔必在昼，望必在夜，二者加时，和实际符合，使用曆、假曆、会曆的交互比较，各得其正，这是很微妙的事。至于天道的消长盈虚，有时任常的报告谴谪；有隐藏在隐避之中，改为常态。这是最聪明的还不敢问津的，而为当时的天文知识所了解说明的。

昔人考天事，多不知定朔，假蝕在二日，而常朔之晨，月見東方，食在晦日，則常朔之夕，月見西方，理數然也。而或以為朓朒變行，或以為曆術疏闊，遇常朔朝見則增朔餘，夕見則減朔餘，此紀曆所以屢遷也。

古人考察天象，还未理解定朔的原理。根据来检查曆日。~~常朔如在~~真正的朔日如在常朔的后一日，就成“蚀在二日”现象，当常朔时，月的日平行为迟，未追及日，而晨見東方。如在常朔的前一日，就成"蝕在晦日"，月的日平行為速，已追及日，而夕見西方。這是有一定規律可循的。但有人以為朓朒是變行；也有人以為这是曆術疏闊。認為这是曆術疏闊的遇常朔月晨見时，就增加朔餘；月夕見时就減少朔餘。這也是曆紀常常改變的原因之一。

漢編訢李梵等，又以晦猶月見，欲令蔀首先大。賈逵曰：春秋書朔晦者，朔必有朔，晦必有晦。晦朔必在其月前也。先大則一月，再朔，後月無朔，是朔不可必也。訢梵等欲諧偶十六日月朓，昏晦當滅而已。又晦與合朔，同時不得異日。考逵等所言，蓋知之矣。晦朔之交，始終相際，則光盡明生之限，度數宜均，故合於子正，則晦日之朝，猶朔日之夕也。是以月皆不見，若合於午正，則晦日之晨，猶二日之昏也。是以月或皆見，若陰陽遲速軌漏加時不同，舉其中數，率去日十三度以上而月見，乃其常也。且晦日之光未盡也。如二日之明已生也。一以為是，一以為非。又常朔進退，則定朔之晦二也。或以為變，或以为常。是未通於四三交质之論也。

《後漢书·律麻志》載：庚辰元四分麻施行時，编䜣、李梵以為所行麻书後天，晦日月猶晨見东方。麻元以十一月為首，將小大相间的大月，置於節首。行未久，十九歲不得七闰。贾逵等議麻时，援《春秋》书朔晦通例，以為依正。認為春秋书朔晦，一定是朔是朔，晦是晦。晦朔必在月前。若節首先大，那么一月中就有两个合朔，下月成為無朔。是违反一月一朔規定的。䜣梵为此，为了谐偶十六日的月朓，消除晦日的晨和二日的昏出現。但晦朔如在月前，那么晦与合朔必然会同在一日。所謂晦者，人目不見月光。实则不但朔前有晦，即朔後亦有晦。所謂"晦朔之交，始終相济"用对称的道理解釋，達到光尽明生的極限，日和月相距的度數是均一的。时刻亦然，合朔在子正，即合乎晦朔二日的交替时刻，则晦日的晨，和朔日的夕，相互对称。在這晨夕是不現月光的。若合朔在朔日午正，则朔前一日的晨，和朔後一日的昏，均相距一日半，也是对称的。在这时刻，可见月光。日月相距的折中数，约在十三度以上。人目定能看见月光。除此以外，如晦日尚有未尽的月光，和二日已有初生的月光。二者应该一样看待。然有人任取其一，以为是；或以为非。又如常朔退一日，得定朔；或常朔进一日，为定朔。二者也应一样看待；然而仍有人以为变行，或以为常象。这种历家，甚于"四三变质之论"是不理解的。所谓"四三变质之论"，是指上面说的："此四者，皆治历之大端"，及"三者迭相为经"。

综近代诸曆，以百萬為率齊之。其所差少，或一分，多至十數。失一分考春秋纔差一刻，而百數年间，不足成朓朒之異。施行未幾，旋復疏闊。由未知躔離經朔相求耳。李業興、甄鸞等欲求天驗，輒加減月分，遷革不已。朓朒相戾，又未知昏明之限，與定朔故也。楊偉採乾象為景初陰陽曆，雖知加時後天，食不在朔，而未能有以更之也。何承天欲以盈縮定朔望小餘，錢樂之以為推交會時刻雖審，而月頻三大二二小，日蝕不唯在朔，亦有在晦二者。皮延宗又以為紀首合朔，大小餘當盡。若每月定之，則紀首位盈，當退一日，便應以故歲之晦，為新紀之首。立法之制，如為不便，承天乃止。虞劆曰：所謂朔在會合，苟躔次既同，何患於頻大也。日月相離，何患於頻小也。

综论近代诸麻，为容易辨别大小起见，改用百万为率，使各麻齐同。其日余所生误差，最少为百万分之一，最多也不能逾百万分之十。假定每年差一分以之上推春秋（春秋至开元相距在1500以下）则 $\frac{1500}{1000000}=\frac{15}{10000}$，把日余改为刻数，得一刻有奇。在百数年间，不能生朓朒。若因施行未久，麻日已觉疏阔，那是由于未加入躔、离和经朔交互相求的缘故。李业兴的正光、兴和等麻和甄鸾的天和麻常加减月分，用来迁就天象，由於不知道日出以前的明限和日没以後的昏限，以及推求定朔的方法。以致认为朓朒不合常理。杨伟采用乾象的月行迟疾及阴阳麻法；

但晷景仍用漢四分厤，四分分明後天，蝕不在朔，楊偉跟着不知修改。何承天作元嘉厤於月行遲疾厤中，有盈縮積分表，主張用定朔，开始想用盈縮分來決定每月朔的小餘。太史令錢樂之審查时，認為若推行此法，对推求交会时刻，比較周密，但打破月大月小相间的旧法，大月可連續三回，小月連續二回，而日蝕不單在朔，也有在晦或二日的。皮延宗也不贊成，認為通例紀首合朔，無大小餘。若每月定大小餘，紀首月行当盈厤时，便退前一日，就是以晦日為新紀的首日，極為不便。何承天就作罷。梁武帝大同年間，虞劆作大同厤就肯定了何承天的主張，認為朔就是日月会合。假使躔次既同，日月相離，只要符合天象，不能斤斤計較於月的連大連小的。

春秋日蝕不书朔者八，公羊曰：二日也。穀梁曰：晦也。左氏曰：官失之也。刘孝孫推俱得朔日，以丘明為是。乃与刘焯皆議定朔，為有司所抑不得行。傅仁均始善為定朔，而曰晦不東見，朔不西朓。以為晦當減，亦許梵之論。淳風因循皇極。皇極密於麟德，以朔餘乘三千四十，乃一萬除之，就全數得千六百一十三。又以九百四十乘之，以三千四十而一，得四百九十八，秒七十五太彊，是為四分餘率。劉洪以古曆斗分太彊，久當後天，乃先正斗分，而後求朔法，故朔餘之母煩矣。韓翊以乾象朔分太弱，久當先天，乃先考朔分而後覆求度法，故度餘之母煩矣。何承天反覆相求，使氣朔之母，合簡易之率，而星數不得同元矣。李業興、宋景業、甄鸞、張賓欲使六甲之首，眾術同元，而氣朔餘分，其細甚矣。麟德曆有總法，開元曆有通法，故積歲如月分之數，而後閏餘皆盡。考漢元光已來史官注記，日蝕有加時者凡三十七事，麟德曆得五，開元曆得二十二。

在《春秋》中，记载日蚀不为朔日的，共有八回。《公羊传》说：蚀在朔的后一日。《穀梁传》说：在前一日。《左氏传》说：是在朔日，没有写明，是日官失职。刘孝孙用《孝孙历》推算，皆得朔日，三传中记，明太师明的话是对的。刘孝孙，因和作皇极历的刘焯主张用定朔计算合朔，但被当权派抑制，两人的設计都不能实行。到唐高祖时，傅仁均作戊寅历，始用定朔，他说：这么一改，晦的朝，朔的昏，均可不見月光。所谓："昏晦當滅。"他這議论，和编訢、李梵是一致的。李淳风所作的《麟德历》是承襲皇极历的。但皇极历比麟德历为密。今以皇极、麟德的朔日法和总法，除以朔实，并改成分母为一萬，则得 $\frac{5300}{10000}$，为两历朔餘。復以开元通法 3040 乘之，分母除分子得 1613。1613以通法3040为分母。如以开元历通法为分母，得 $\frac{1613}{10000}$。如改为四分历 940 为分母，则 $\frac{1613}{3040}=\frac{x}{940}$；$\frac{x}{940}=\frac{498.75}{940}$，称为四分餘率。刘洪作乾象历，因四分历斗分太强，積久历必後天。於是先定斗分145，而後定朔法。遂由 $\frac{周天}{纪月}=\frac{通法}{日法}=$ 朔实，而得朔餘，计算朔餘之母，比較煩瑣。韓翊作黄初历，看到乾象朔分太弱，積久必当先天。於是先改朔分，即先定纪法，为1883，乘以章月235，除以章岁19，得纪月60359，次定斗分1025。由岁周365日×1883+1205，得纪日1783500，乃以 $\frac{1783500}{60395}=\frac{356700}{12079}$ =朔实，由此而得朔余 $\frac{6409}{12079}$ =0.53059。此值实为密近。一行谓之"覆我度法，故度餘之母烦矣。"今黄初历术文失传，难以进而说明。何承天作元嘉历，以纪法除纪日，或用度法除周天，得岁实。以纪月除纪日得朔实。反復相求，使气朔之母，合简易之率。但推五星，各用后元，就是"星数不得同元矣。"

李業興作正光、興和二历，宋景業作天保历，甄鸾作天和历，张宾作开皇历，都六甲为纪首。所谓六甲，即甲子、甲戌、甲申、甲午、甲辰、甲寅。孝孙，天和两历，今已失传。正光历蔀法为6060年，周天即蔀日为2213377，十蔀为纪，六纪为元，纪日为22133770=60之倍数+10，如第一纪纪首日名为甲子，则第二纪为甲戌。依六甲顺序，一元六纪，周而復始。興和历蔀法1686年，蔀日

61580170，十蔀为紀，六紀为元，紀日为61580170＝60倍數＋10。天保、開皇兩曆俱以十蔀为紀，六紀为元。前者紀日86416870＝60倍數＋10，後者紀日为376054630＝60倍數＋10，故各曆以"象術同元。"但各術的氣朔餘分比四分曆龐大而繁瑣，一行故云："其細甚矣。"迨至麟德曆始破章蔀紀元諸法，廢章歲，而合日法、紀法为一，立總法，计算歲实、朔实，以總法为母，推算归於简捷。開元曆亦用此法，改称通法。计算闰餘，用積年乘歲实为中積分。後用朔实除中積分，其不尽數即为闰餘。餘以朔实除歲实，与古章歲除章月同，朔实即为一歲之月分之分母數，積歲等於朔实或朔实的倍數，故無闰餘。一行所謂："積歲如月分之數，而後闰餘皆盡。"今以漢元光以来，史官注紀日蝕，有日餘的，即为"加时"，凡三十七项，以之课校近时曆法，麟德曆得五，開元曆得二十二。

其四沒滅略例曰：古者以中氣所盈之日為沒，沒分偕盡者為滅。開元曆以中分所盈為沒，朔分所虛為滅。綜終歲沒分謂之策餘，終歲滅分謂之用差。皆歸于揲。易再扐而後掛也。

景初曆以策餘除以策實，所得為一歲初日起算所得的沒日。開元曆則自常氣初日起算所得為沒日，而滅日與自經朔初日起算。其計算法等均於術文解釋之。

其五卦候議曰：七十二候，原于周公時訓，月令雖頗有增益，其先後之次則同。自後魏始載于曆，乃依易軌所傳不合經義，今改從古。

七十二候原于周公《時訓篇》、《禮記·月令》，有所增加；但次序未改。自北魏《正光曆》始載推七十二候術，乃根據《易軌》所傳，不合經義。《開元曆》所載的，仍用古法。

其六卦議曰：十二月卦，出於孟氏章句，其說易本於氣，而後以人事明之。京氏又以卦爻配朞之日，坎離震兑，其用事自分至之首，皆得八十分日之七十三。頤晉井大畜，皆五日十四分，餘皆六日七分，止於占災眚與吉凶善敗之事，至於觀陰陽之變，則錯亂而不明。自乾象厤以降，皆因京氏，惟天保厤依易通統軌圖，自八十有二節，五卦初爻相次用事，及上爻而與中氣偕終，非京氏本旨，及七略所傳。按郎顗所傳卦皆六日七分，不以初爻相次用事，齊厤謬矣。

用易理的卦象配十二月，始於漢之孟喜。孟喜說易本乎二十四氣，說到人事。京房又把卦爻分配一歲的日數。坎、離、震、兑四卦用事，在二分二至的首日，皆得八十分日之七十三。頤、晉、井、大畜四卦，皆得五日又八十分日之十四。其它諸卦，皆得六日又八十分日之七。其作用是用以占驗災眚、吉凶、善敗之事。至于對於自然陰陽之變，那是錯亂而弄不明白的。自乾象厤以來，都載："推卦用事日術"，次序都依京氏。惟天保厤採用《易通統軌圖》說，論八十二節用事，不按照五卦初爻，遞至上爻，和中氣皆終，顯然和京氏本意及七略所傳違反。而郎顗所傳卦皆為六日又八十分之七，所以北齐所用的天保厤是謬误的。

乾象厤、天保厤述卦用事，根據稍有不同，都是迷信。一行入主出奴；我们不管它反正都是要批判的。

又京氏減七十三分為四正之候，其说不經。欲附会緯文七日來復而已。夫陽精道消，靜而無迹。不過極其正數，至七而通矣。七者陽之正也。安在益其小餘，令七日而後雷動地中乎？當據孟氏自冬至初中孚用事一月之策，九六七八是為三十，而卦以地六，候以天五。五之相乘，消息一變，十有二變而歲復初。

京氏把頤、晉、井、大畜四卦比他卦所少的$\frac{73}{80}$，用以分配坎、離、震兑四正卦，這是不合經義的。它的作用，不過想用附会緯书的："七日來復而已。"節氣的陰陽消長，遇到陽精道消的時候，表面上是覺察不到的；不过就數而論，"數象章於七八"的。七為少陽，九為老陽。"益其小餘，令七日而後雷動地中。"

为《天保曆》或《易通統軌圖》中语。一行引而闡之。根據孟氏之說，自歲初中氣冬至起，始於中孚用事，遞加地中之策，而終屯卦，所謂之一月之策。老陽九，老陰六，少陽七，少陰八，互為消息，遞加恰為三十，合于天中之策五，配七十二候，地中之策六，配六十卦的相乘數，消息一月一變，一歲十二月，經過十二變，周而復始。

坎震離兑二十四氣，次主一爻，其初則二至二分也。坎以陰包陽，故自北正微陽動於下，升而未達，極於二月，凝涸之氣消，坎運終焉。春分出於震，始據萬物之元。為主於内，則群陰化而從之，極于南正，而豐大之變窮，震功究焉，離以陽包陰，故自南正。微陰生於地下，積而未章，至于八月，文明之質衰，離運終焉。仲秋陰形于兑，始循萬物之末，為主於内。群陽降而承之極於北正而天澤之施窮，兑功究焉。故陽七之靜始於坎，陽九之動始于震，陰八之靜始于離，陰六之動始于兑，故四象之變，皆兼六爻而中節之應備矣。易爻當日，十有二中，直全卦之初，十有二節，直全卦之中，齊曆又以節在貞，氣在晦非是。

在大衍曆術卦候分配中節表中：坎、震、離、兌四卦，每卦六爻，共廿四爻，以次分配十二中氣，十二節氣，以二至二分為起點。坎卦是二陰爻、一陽爻組成，陽爻在陰爻之中，所謂："陰包陽"。坎為正北方之卦，冬至一陽生的時候，所謂："微陽動於下。"由此漸升，至於二月，即卯月。其氣潛藏而凝固者，消融，而坎運告終。這时候太陽升至春分点，青帝司令出於震。震為正東方之卦，於象為雷。雷動地中於是乎始。《易·說卦》所謂："動萬物者，莫疾乎震。"一行所謂："播萬物之元，為主於內。"震卦二陰爻在上，一陽爻在下。☳，所謂："群陰化而從之。"至于夏至，有極大的變化，大形衰殺。震功終而離運始。離是正南方之卦，☲ 陰爻在中間，所謂："陽包陰"。於象為火，夏至一陽生，微陰生於地下，潛而未章。迨至太陽行至秋分点，火運告終，所謂："文明之質衰。"白帝司令，肆合於兌，兌為正秋，又為澤。所谓："陰形於兑。"《说卦傳》云："兑萬物之所说也。"一行所谓："循萬物之末，為主於内。"群陽跟着下降，兑功告终。所谓："天澤之施窮，兑功究焉。"

這時適值一歲，而坎運復始，所谓："極於北正。"故綜一歲而言，冬至生陽，起初是靜伏的。春分时陽氣已发動。所谓："陽七之靜始於坎，陽九之動始於震。"夏至时微陰潛生，秋分时陰氣始成。所谓："陰八之靜始於離，陰六之動始於兑。"七、九、八、六共為四象。四象變化，和四正卦的六爻，十二中及十二節相應。易爻当日，每月得一中氣一節氣，分配五卦，十二中值五全卦的初卦，十二節直五全卦的中卦，次序有定，而候的内外卦，各以貞悔之象配之。此齊天保曆，却以節在貞，氣在晦，這是不對的。"節在貞，氣在晦"，当為天保曆文。但曆已失傳，難以復按。

以六十卦，分配一朞日數，孟氏和易通統軌圖，各執一詞。实质都是形而上学的。有的吹得玄之又玄；有的似是而非。對於科学实验，干擾極大，起了極大的妨碍，把学术研究，引入歧路，需要無情的揭露，徹底的肅清它的流毒！

其七日度議曰：古曆日有常度，天周為歲終，故係星度于節氣。其說似是而非，故久而益差。虞喜覺之，使天為天，歲為歲，乃立差以追其變，使五十年退一度。何承天以為太過，乃倍其年而又不及。皇極取二家中數，為七十五年，蓋近之矣。考古史及日官候簿，以通法之三十九分太為一歲之差。自帝堯演紀之端，在虛一度，及今開元甲子，卻三十六度，而乾策復初矣。日在虛一，則鳥、火、昴、虛，皆以仲月昏中，合于堯典。

古代曆法，認為每日日行一度，一歲日行一周天，一个回歸年和一个恒星年相等，因節氣所在的星度是固定的。這種学說，似是而非。晉虞喜開始覺察，天周和歲周，實有差異，即恒星年和回歸年有差異，這種現象，稱為歲差。虞喜使二者區別，天為天，歲為歲；於是立差以追其變，使五十年退一度。何承天以為差得太多，改為一百年差一度。這這兩家所立差數，一是太過，一是不及。皇極厤折取兩家的平均數，定為七十五年差一度。這還是近似值。大衍厤根據史籍候晷统计，差數定为 $\frac{36太}{3040}$，即乾实減策实，後以通法除之，得一歲之差。

$$1110379太-1110343=36太，$$

$\frac{36太}{3040}$ 为一歲之差。

$$\frac{36太}{3040}:1=1:x$$

$$x=\frac{3040}{36太}=84.4$$

约84年半差一度。

自唐堯演紀开始，冬至在虛一度，到開元甲子已移了36度；从這里推求歲差，是符合于堯典的。

刘焯依大明厤四十五年差一度，則冬至在虛危，而夏至火已過中矣。梁武帝据虞劆厤百八十六年差一度，則唐虞之際，日在斗牛间，而冬至昴尚未中，以为皆承閏後節前，月却使然。而此經終始一歲之事，不容頓有四閏，故淳風因為之说曰：若冬至昴中，則夏至秋分，星火星虛，皆在未正之西，若以夏至火中，秋分虛中，則冬至昴在巳正之東，互有盈缩，不足以為歲差證，是又不然。

祖冲之大明曆定歲差四十五年差一度。刘炫据以推算，冬至日在虛危。自冬至至夏至，日约行180余度，加夏至日距中度118°，计298°有奇。而心宿距虛危约270余度，故："夏至火已过中矣。"梁武帝时虞劆作大同曆，定歲差186年差一度。据此推算，唐虞时日应在斗牛间。冬至日距中星82度有奇，昴宿和斗牛的距離为120余度，故："冬至昴尚未中。"余如星鳥、星火、星虛，误差相同。假使各置一闰，认为这是闰月以後，節氣以前，月行退却使然。但一歲之中，不能设置四个闰月。李淳风因说：在堯典四仲中星中，原是存在着矛盾的。冬至昴中，夏至及秋分的昏星，火、虛俱離開午正，在未正的西面。夏至火中，秋分虛中；則冬至的昏，昴尚在巳正的東面。因此，四仲中星，不是在一歲中出現的。凭此不足以证歲差。這话也是不對的。

今以四象分天，北正玄枵，中虛九度，東正大火，中房二度，南正鶉火，中七星七度，西正大梁，中昴七度，總晝夜刻以約周天，命距中星，則春分南正中天，秋分北正中天，冬至之昏，西正在午東十八度，夏至之昏，東正在午西十八度，軌漏使然也。冬至日在虛一度，則春分昏張一度中，秋分虛九度中，冬至胃二度中，昴距星直午正之東十二度，夏至尾十一度中，心後星直午正之西十二度，四序進退，不逾午正間，而淳風以為不叶，非也。

今分周天為四象限。命：
玄枵次為正北，以虛九度為正中；
大火次為正東，以房二度為正中；
鶉火次為正南，以七星七度為正中；
大梁次為正西，以昴七度為正中。

總晝夜刻數，使和周天相应。并命各宿的距中星，則：

春分日的距中星，应南正中天；

秋分日的距中星，应北正中天；

冬至日的昏，距中星为82度有餘，故西正在午東十八度處。

夏至日的昏，距中星为180度餘，故東正于午西18度處。這是據軌漏可以知道的。今冬至日在虛一度。則由冬至至春分的日行度，和春分的距中星度，可知春分日昏時是張宿一度中天。秋分昏是在虛宿九度中天，冬至胃二度中天。昴宿距星即昴宿主星。在午正東西十二度，夏至昏尾宿十一度中天。心已在午正西面十二度。距星的一东一西，這是中氣的距中度保證。总的說來，四序雖有進退，不出午正范围。李淳风以為不叶，是错误的。

又王孝通云：如歲差自昴至壁，則堯前七千餘載，冬至日應在東井。井極北故暑，斗極南故寒。寒暑易位，必不然矣。所謂歲差者，日與黄道俱差也。假冬至日躔大火之中，則春分黄道交於虛九，而南至之軌，更出房心外，距赤道亦二十四度。設在東井，差亦如之。若日在東井，猶去極最近，表景最短，則是分至常居其所。黄道不遷，日行不退，又安得謂之歲差乎？孝通及淳風以為冬至日在斗十三度，昏東壁中，昴在巽維之左，向明之位，非無星也。水星昏正，可以為仲冬之候，何必援昴於始覿之際，以惑民之視聽哉。

傅仁均作戊寅麻，主张冬至五十余年差一度，日短星昴，合于尧典。王孝通据礼记月令："仲冬昏，东壁中。"驳之。若尧时星昴昏中，差至東壁，尧前七千余载，冬至昏翼中，日应在东井。井极北，去人近故暑；斗极南，去人远故寒。寒暑易位，必不然矣。可见岁差，日和黄道俱差。假使冬至日在大火次中，黄道交点，所谓春分点，必交於和大火次相距91度余的虚9度处。而南至日軌，出于房心外，距赤道廿四度。若日躔东井，距赤道亦二十四度，仍是去极最近，表景最短。那么二分二点，日躔处所，黄赤交点，都不移动。怎么说是岁差呢？王孝通和李淳风说：冬至昏東壁中，日躔应在斗十三度，這時昴在巽维的左方，——所谓巽维，巽为东南方卦，维为东南方位，巽维即是东南方的代词。——向明的方位，不是没有星。水星昏正，就可以定为仲冬的节候，何必要靠昴宿初见，来混淆百姓的视听呢？

夏后氏四百三十二年，日却差五度。太康十二年戊子歲冬至，應在女十一度。書曰：乃季秋月朔，辰弗集于房。刘炫曰：房所舍之次也，集会也，会合也，不合则日蝕可知，或以房為房星，知不然者，且日之所在，正可推而知之，君子慎疑，寧当以日在之宿為文。近代善麻者，推仲康時九月合朔，已在房星北矣。按古文集与輯義同，日月嘉会，而陰陽輯睦，则陽不疚乎位，以常其明，陰亦含章示冲，以隐其形。若变而相傷，则不輯矣。房者辰之所次，星者所次之名，其揆一也。又春秋傳辰在斗柄，天策焞焞，降婁之初，辰尾之末，君子言之，不以為繆，何獨慎疑於房星哉。新麻仲康五年癸巳歲九月庚戌朔日，蝕在房二度。炫以五子之歌，仲康当是其一。肇位四海，復修大禹之典。其五年羲和失職，则王命徂征，虞𠠆以為仲康元年，非也。

夏代四百三十二年，由於歲差，日却五度。太康十二年，戊子，冬至日应退行至女宿十一度。尚书说："乃季秋月朔，辰弗集于房。"隋刘炫认为日月相会为辰。房是辰的宿次，日蚀

就是不合。或以为房指房星，是不对的。从日躔所在，可以推知。君子慎疑，当以日躔所在宿次为解。近代善历者，推仲康时九月，日月合朔已在房星之北。依古文字义，集乃作辑解。凡日月相会，阴阳辑睦，则阳不负傷，阴亦谦冲，而含章隐形。故或应蚀不蚀，至于不辑，那就互相疾伤。房为辰的宿次，是为那宿次的名称，内容一样的。春秋传僖公五年，晋献公伐虢时，有一童谣，说：“辰在斗柄，天策焞焞；降娄之初，辰尾之末。”乃云：“日月会于南斗之柄，傅说星十分光亮；辰尾之末，在降娄次的初度。”降娄在十二支中属戌月，即周正的九月。预示灭虢应在九月。左氏写出，不以为谬。难道对房星反独慎疑吗？

大衍历推得仲康五年是癸巳岁，九月朔是庚戌，在房宿二度发生日蚀。刘炫以为尚书五子之歌中，仲康是五子之一，他始即王位，重修大禹的事业。在位五年时，羲氏和氏废时失职，王命胤侯去征。虞劆以为仲康元年，是不对的。

國语单子曰：辰角見而雨畢，天根見而水涸，本見而草木節解，駟見而隕霜，火見而清風戒寒，韋昭以為夏后氏之令，周人所因。推夏后氏之初，秋分後五日，日在氐十三度，龍角盡見，時雨可以畢矣。又先寒露三日，天根朝覿，時訓爰始收潦，而月令亦云水涸。後寒露十日，日在尾八度而本見，又五日而駟見，故隕霜則蟄虫墐戶。鄭康成據當時所見，謂天根朝見，在季秋之末，以月令為謬。韋昭以仲秋水始涸，天根見乃謁，皆非是。霜降六日，日在尾末，火星初見，營室昏中，於是始修城郭宮室，故時儆曰：營室之中，土功其始，火之初見，期于司理。麟德曆霜降後五日火伏，小雪後十日，晨見，至大雪而後定星中，日旦南至，冰壯地坼，又非土功之始也。

《國語》上說："辰角見而雨畢。"韋昭注說："辰角，大辰蒼龍之角。"雨畢是說雨季過了。"天根見而水涸。"天根星在亢宿中间。晨見東方，則田野水竭。"本見而草木節解。"本即氐的别名。本晨見則草木枯萎。"駟見而隕霜。"駟即天駟，房星。房星东見，则天寒而降霜。"火見而清风戒寒。"火即心星。心星東見，清风先至，戒人寒备。韋昭認為這些是夏后氏的節候天象，周代沿用。但考夏代初期，每年秋分後五日，日在氐十三度。角宿朝見東方，雨季恰好過去。

大凡星在太陽後面，即西面，距度在十三の度以上，那星在日將出时，晨見東方。太陽在天球上每日平行一度，東向运行，天球上諸星次第晨見東方。星在太陽前面，即东面，則次第夕伏西方。

至寒露前三日，天根晨見東方。周公《时训篇》说："雾始收潦。"《礼记・月令》也说：水涸。後寒露十日，日在尾八度處，氐星晨見。又過五日，房星東見。於是降霜，虫都潛伏，人們也把竹门用泥塗飾了。鄭康成根據漢时所見天象，認為天根在季秋终时朝見，硬说《月令》不对。并以韋昭说的仲秋水始涸，天根見乃竭，都是不符事实的。

（可参考英人Joseph Needham所著的Science Civilisation in China第三卷，

第二百四十三页中国古代赤道分次图。)

霜降後之日，日在尾宿末，心星相距適为十三四度，火星開始晨見；同时，室宿昏中，观象於天，俾修城郭宮室，所以《時儆》上説："營室之中，土功其始。火之初見，期于司理。"司理是管土功之官。期作会解。期於司理，即把版築之事集于司理。這在火星初見之时。

麟德麻在霜降以後五日，火始伏，小雪以後十日，再晨見。至大雪後，定星即营室南中，逾至冬至，冰壮地坼，当然不是土功開始的時候。

夏麻十二次，立春日在東壁三度，於太初星距壁一度，太也。顓頊麻上元甲寅歲正月甲寅，晨初合朔立春，七曜皆直艮维之首，蓋重黎受職於顓頊，九黎乱德，二官咸廢，帝堯復其子孫，命掌天地四時，以及虞夏，故本其所由生，命曰顓頊，其实夏麻也。湯作殷麻，更以十一月甲子合朔冬至為上元，周人因之，距羲和千祀，昏明中星，率差半次，夏時直月節者，皆当十有二中，故因循夏令。

在夏麻十二次中，交立春節，太陽行至

東壁三度，相当於太初厤的星距東壁一度，
多了一些。顓頊厤的上元是甲寅歲，正月
甲寅晨初合朔是立春節。這時日月五星
都在西北向，所謂："艮維之首。"当時
重黎受顓帝的命，掌管厤事。其後九黎
作亂，羲氏和氏二官廢除。堯時復使羲
和二氏的子孫，管天地四時，下逮虞夏。
推本溯源，這種厤法，称作《顓頊厤》。
实际就是《夏厤》。商湯改作《殷厤》。
《殷厤》仍以十一月甲子合朔为上元。周人
仍沿用之。這時距堯時羲和，已千餘
年。由於歲差，昏中星和明中星，已差十
五度餘。夏时中二節的中星，皆当为十二
中的中星；因此说：周是沿用夏令的。
其後呂不韋得之，以為秦法，更考中星，斷取
近距，以乙卯歲正月己巳合朔立春為上元。
洪範傳曰：厤記始於顓頊上元太始閼
蒙攝提格之歲，畢陬之月，朔日己巳立
春，七曜俱在營室五度是也。秦顓頊厤
元起乙卯，漢太初厤元起丁丑，推而上
之，皆不值甲寅，猶以日月五緯復得上元
本星度，故命曰：閼蒙攝提格之歲，而

實非甲寅。夏曆章蔀紀首，皆在立春，故其課中星，揆斗建与閏餘之所盈縮，皆以十有二節為損益之中，而殷周漢曆章蔀紀首，皆直冬至，故其名察發斂，亦以中氣為主，此其異也。

後來秦時呂不韋採取顓頊曆作為秦國的曆法。重行考察昏明中星，截取較近的乙卯歲正月己巳合朔立春，作為上元。《洪範傳》說："曆記始於顓頊上元太始閼蒙攝提格之歲，畢陬之月，朔日己巳立春，七曜俱在營室五度。"就是指此。"閼蒙攝提格"指甲寅。"畢陬之月"指正月。即是說：上元始於甲寅正月朔日立春，日月五星都在室宿五度处。但实际，秦顓頊曆以乙卯為上元，漢初曆以丁丑為上元，上推遠距的上元，皆非甲寅。却以七曜在甲寅為本星度，故稱為閼蒙攝提格之歲。

夏曆的章首、蔀首、紀首，都从立春開始，測驗中星，審察每月斗柄所指和閏餘盈縮的计算，都以十二節氣為損益的標準；殷曆、周曆、漢曆的章首、蔀首、紀首始於冬至，"名察發斂"都以中氣為主。"名察發斂"，《史記・曆書》作："名察度驗"。漢書瓚注："題名宿度，候察進退。""三辰之度，吉凶之驗。"

一始冬至，一始立春；一以中氣為主，一以節氣為主。這是兩曆所不同的。

夏小正雖頗疏簡失傳，乃羲和遺迹。何承天循大戴之說，復用夏時，更以正月甲子夜半合朔雨水為上元。進乖夏曆，退非周正，故近代推月令小正者皆不與古合。開元曆推夏時立春，日在營室之末，昏東井二度中，古曆以參右肩為距，方當南正，故小正曰：正月初昏，斗杓懸在下，魁枕參首，所以著參中也。季春在昴十一度半，去參距星十八度，故曰：三月參則伏，立夏日在井四度，昏角中，南門右星入角距西五度，其左星入角距東六度，故曰：四月初昏，南門正，昴則見，五月節，日在輿鬼一度半，參去日道最遠，以渾儀度之，參體始見，其肩股猶在濁中，房星正中，故曰：五月參則見，初昏大火中，八月參中則曙失傳也。辰伏則參見，非中也。十月初昏南門見，亦失傳也。定星方中，則南門伏，非昏見也。

《夏小正》虽颇疏略，有失传处，却是尧时羲和遗传下来的。何承天作《元嘉历》，因循《大戴礼》之说，误为改用夏时，以正月甲子夜半合朔雨水中气为上元，既非夏正，也非周正。所以近代历家如用元嘉历去推《夏小正》及《月令》都不能符合。《开元历》推得夏时立春，日躔室宿的末度，加入距中度87度余，得昏时东井二度南中，古历以参右肩为参宿距星，那时正当南正。即参宿在南方午位，故《夏小正》上说："正月初昏，斗杓悬在下。魁枕参首，所以著参中也。"杓指北斗七星中第五至第七星，魁是北斗第一星，枕于参宿首部，表示参宿南中。迨至季春三月，日躔在昴宿十一度半，在昴宿阔度的终点，和参宿距星，相离十八度。故《夏小正》说："三月参则伏。"经过若干日，至四月立夏，日躔东井四度处，日所在和角宿距星相距，为十余度，故昏时角宿中。南门二星在库楼南，右星距角西面五度，左星距角东面六度。南门二星相连成线，或与地平平行，《夏小正》所谓："南门正。"是时昴宿亦昏见。迨至五月節时，日躔與鬼一度半，参宿在太陽西面四十餘度。大火即心宿，在太陽东面百一十七八度。用渾儀度之，参宿始見，其肩股猶在渾儀中。房宿和心宿相連，房星正中，亦即大火昏中。《夏小正》故說："五月参則見，初昏大火中。"又說："八月参中則曙。"則和天象不符。《月令》上說：仲秋"参中則旦"，和天象略近。因八月，大火由南中逐漸与太陽接近。從心宿和参宿的距度来看，昏即心宿初伏而参見是可能的，但参中則曙，不是事實。又說："十月初昏南門見"也是傳寫有誤。十月初昏，定星即室宿南中，據此可知南門已知，不能昏見。

商六百二十八年，日却差八度，太甲二年壬午歲冬至，应在女六度。

商代628年，由於歲差，太甲二年壬午冬至，日已西退8度，应在女宿6度處。

國語曰：武王伐商，歲在鶉火，月在天駟，日在析木之津，辰在斗柄，星在天黿。旧说歲在己卯，推其朏魄，迺文王崩，武王成君之歲也。其明年武王即位，新曆孟春定朔丙辰，於商為二月，故周书曰：维王元祀二月丙辰朔，武王访于周公。

《國语》上说：武王伐商，歲星在鹑火之次，月在房宿，（即天駟）日在天漢间，所谓"析木之津。"析木亦是次名。日月相会于斗柄，水星在玄枵之次。所谓"星在天黿。"刘歆三统麻推得：歲在己卯。根据《尚书·武成》上月朏魄去推，己卯是文王崩殂，武王即位的前一年。用开元麻推禄，得孟春月定朔丙辰，用商的麻法来禄，则为二月，這和《周书》所说："维王元祀二月丙辰朔，武王访於周公。"是符合的。

竹書十一年庚寅，周始伐商，而管子及家語以為十二年，蓋通成君之歲也。先儒以文王受命九年而崩，至十年武王观兵盟津，十三年後伐商，推元祀二月丙辰朔，距伐商日月，不為相距四年，所说非是。

《竹书纪年》载武王十一年，歲在庚寅，

周始伐商。《管子》和《家语》均作十二年。这是因为把文王崩，武王成君的一年未计入的缘故。先儒都以文王"洛书受命"，九年而崩。明年武王观兵於盟津。隔四年，即十三年，復伐商。今推武王祀二月丙辰，至伐商时日，不是相隔四年，传说非是。

武王十年夏正十月戊子，周师始起，於歲差日在箕十度，则析木津也。晨初月在房四度，於易雷乘乾曰大壮，房心象焉。心为乾精，而房升陽之駟也。房与歲星实相經緯，以屬灵威仰之神。后稷感之以生，故國語曰：月之所在，辰馬農祥，我祖后稷之所經緯也。又三日得周正月庚寅朔，日月会南斗一度，故曰：辰在斗柄。壬辰辰星夕見，在南斗二十度。其明日武王自宗周，次於师所。凡月朔而未見曰死魄，夕而成光則謂之朏。朏或以二日，或以三日，故武成曰：維一月壬辰，旁死魄。翌日癸巳，王朝步自周，于征伐商。

武王十年於夏正十月戊子出兵，由於歲差，日躔於箕宿十度，与析木之津相当。清晨，月在房宿四度。易经上说：震为雷。大壮䷡。所谓："雷乘乾曰大壮。"房为心象，心宿亦称乾精，房是天駟。因为："升陽之駟。"歲星属于"灵威仰之神。"《诗含神雾》云："四帝星夹黄帝坐。东方苍帝，灵威仰之神也；南方赤帝，赤熛怒之神也；西方白帝，白招矩之神也；北方黑帝，叶光纪之神也。"周的始祖后稷，是依此神而生。房星和歲星互相經緯。故国语说："月之所在，辰馬农祥，我祖后稷之所經緯也。"辰馬就是房心。房大火次，亦称大辰次。房为天駟，故称辰馬。房星晨正，则农事起。祥作象解。注云：房心农象。又經三日，适为周曆正月，即夏正十一月，庚寅合朔，日月会于南斗一度。《国语》故说："辰在斗柄。"又二日为壬辰，辰星夕見于南斗二十度。明日武王从宗周出發，住在兵营。凡合朔月尚未見，称为"死魄"；夕而生光，称朏。月出的现象，需經二日，或三日。所以《尚书·武成》篇说："維一月壬辰，旁死魄。翌日癸巳，王朝步自周，于征伐商。"

是時辰星与周师俱进。由建星之末，歷牽牛須女，涉顓頊之虛，戊午师渡盟津，而辰星伏于天黿。辰星叶光紀之精，所以告顓頊而終水行之運，且木帝之所繇生也。故國語曰：星与日辰之位，皆在北維，顓頊之所建也。帝嚳受之，我周氏出自天黿及析木，有建星牽牛焉。則我皇妣太姜之姪伯陵之後，逢公之所憑神也」。

這時辰星和周师都向東進。辰星从建星的末端，——續漢志说："建星即今斗星也。"——經过牛宿、女宿而至虛宿，即玄枵次，亦即顓頊之虛，亦即天黿。周师在戊午日渡盟津，戊午和壬辰，相隔26日。师度盟津，已在周正30日，辰星在天黿次，伏而不見。辰星称为水精，"叶光紀之精"。顓頊以水德王，水終木德继之，所谓：顓頊終水运，木帝由生。《國語》上说："星与日辰之位，皆在北維，顓頊之所建也。"是说：辰星和日月相会，皆在北方水位，這和顓頊的水德相符。周的先祖后稷，受自帝嚳。周氏出自天黿及析木，皆属北方水位。天黿屬齐的分野。周皇妣王季的母親太姜，是齊也；逢公伯陵所自出，逢伯陵後裔為太姜之姪，封於齊，故云：天黿為逢公精靈所憑依焉。

是歲歲星始及鶉火，其明年周始革命。歲又退行旅於鶉首，而后進及鳥帑，所以反覆其道，經綸周室。鶉火直軒轅之虛，以爰稼穡，稷星繫焉。而成周之大業也。鶉首當山河之右，太王以興，后稷封焉。而宇周之所宅也。歲星與房實相經緯，而相距七舍，木與水代終，而相及七月，故國語曰：歲之所在，則我有周之分也。自鶉及駟七列，南北之揆七月。

是歲歲星东行，諸鶉火次。鶉火是周的分野。明年周始革命。歲星又逆行至鶉首，後進及鶉尾。鳥尾为帑，鳥帑即鶉尾。歲星反復，以經緯周室。鶉火對衡為玄枵，即值軒轅之虛。連及稷星，以興稼穡。是为周代始祖的精英会萃處。鶉首的對衡是漢律的右道，所謂：山河之右。太王遷於岐下，受涇渭之利，并为后稷封地，宗周的基地。

从"歲在鶉火，月在天駟"，及歲星"反復

失道，狸𥳑周室”諸事看來，歲星和房宿都是經緯以興周室的。自鶉火至房宿相距七舍，周以木德，代殷水德，為時亦相及七月，所以《國語》上說：“歲之所在，則我有周之分也。自鶉及駟七列，南北之揆七月。”歲星所在的鶉火次，為周的分野，又當午日；辰星所在的天黿，當于子月。子月与午日，相隔為七；這又和自鶉至駟七列，適应。

其二月戊子朔，哉生明，王自克商還至于酆，於周為四月，新麻推定望甲辰，而乙巳旁之，故武成曰：維四月既旁生魄，粤六日庚戌，武王燎于周廟。鹿舞德麻周師始起，歲在降婁，月宿天根，日躔心而合辰在尾。水星伏于星紀，不及天黿。

二月戊子合朔後，月光初見。武王克商还至于酆。這二月若以周麻推算，应為四月。開元麻推得定望甲辰，次日乙巳。故《武成篇》說：“惟四月既旁生魄，粤六日庚戌。武王燎于周廟。”新麻所推各日干支符合。以鹿舞德麻推算，歲星在降婁次，月在天根，即亢、氐間，尚未及房，日躔亦在心宿，而日月相合於尾宿，水星行纏星紀，即伏。這和《國語》所言不符。

又周书革命六年，而武王崩。《管子》《家语》以為七年，蓋通克商之歲也。周公攝政七年，二月甲戌朔，己丑望，後六日乙未，三月定朔甲辰，三日丙午。故召誥曰：惟二月既望，越六日乙未，王朝步自周至于豐。三月惟丙午朏，越三日戊申，太保朝至于洛。其明年成王正位，三十年四月己酉朔，甲子哉生魄。故書曰：惟四月哉生魄，甲子作顧命。康王十二年，歲在乙酉，六月戊辰朔，三日庚午，故畢命曰：惟十有二年六月庚午朏，越三日壬申，王以成周之眾，命畢公。自伐紂及此五十六年，朏魄日名，上下無不合，而三統厤以己卯為克商之歲，非也。夫有效於古者，宜合於今。三統厤自太初至開元，朔後天三日，推而上之，以至周初先天失之蓋益甚焉。是以知合於歆者，必非克商之歲。

《周书》写武王克商六年後死，《管子》和《家语》均作七年，大概是把克商這年祘了進去。武王死时，成王還小，周公代掌政权。七年二月是甲戌朔，己丑望。隔六日是乙未。三月定朔是甲辰，又隔三日是丙午。《召诰》上说："惟二月既望，越六日乙未，王朝步自周至于酆。"又说："三月惟丙午朏，越三日戊申，太保朝至於洛。"三月戊申，太保召公朝行至洛。明年成王即位。成王在位三十年四月朔是己酉日。甲子哉生魄是十六日。《尚书·顾命》上说："惟四月哉生魄，甲子作《顾命》。"成王死时遗命为甲子日。康王在位十二年，歲在乙酉，六月朔为戊辰日。三日为庚午。《畢命》上说："惟十有二年六月庚午朏，越三日壬申，王以成周之衆命畢公。"康王把管理成周民衆的事给太师畢公在壬申日。从武王伐纣到康王十二年，共五十六年。開元曆所推的朏魄和日名干支，和古书核对，无不符合。三统曆说武王克商之歲是乙卯，这是不对的。假使用以推标古代有效，那必现代也必符合。

三统曆的朔实是：

$$\frac{\text{月法}}{\text{日法}}=\frac{2392}{81}=29.53086419$$

開元曆是：

$$\frac{\text{揲法}}{\text{通法}}=\frac{89773}{3040}=29.53059210$$

两历相减，得 0.00027209日。

太初元年至开元十二年，相距828年。

化为月数，得 828×(12 7/19)=10241 1/19。

10241 1/19 ×0.00027209=2.78……日

三统历自太初元年推示至开元十二年，朔後天约三日；因此，据以逆推至春秋时，朔必先天。由此可知刘歆所说的乙卯岁，必非克商之年。

自宗周訖春秋之季，日卻差八度。康王十一年甲申歲冬至，應在牽牛之度。周曆十二次，星紀初南斗十四度，於太初星距斗十七度少也。古曆分率簡易，歲久輒差，達曆數者，隨時遷革，以合其變，故三代之興，皆揆測天行，考正星次，為一代之制。正朔既革，而服色從之。及繼體守文，疇人代嗣，則謹循先王舊制焉。

从宗周都鄗到春秋，日又退行八度。康王十一年，甲子，冬至在牛宿六度。周历定十二次，星纪初在南斗十四度。按太初历星距计标，为斗十七度廿。古历分率简易，岁久辄差。所籍历家随时测验，和改革，以合天象。夏商周三代，都观测天象行度，确定星的十二次，成为一代之制。正朔既定，服色亦正。如水德尚黑，火德尚赤之類。時人繼體守文，遵循先王成法，可以無稍變更矣。

國語曰：農祥晨正，日月底于天廟，土乃脈發，先時九日。太史告稷曰：自今至于初吉，陽氣俱蒸，土膏其動。弗震不渝，脈其滿眚，穀乃不殖。周初先立春九日，日至營室。古曆距中九十一度，是日晨初，大火正中，故曰：農祥晨正，日月底于天廟也。於易象升氣究而臨受之，自冬至後七日，乾精始復，及大寒，地統之中，陽洽於萬物根柢，而與萌芽俱升，木在地中之象，升氣已達，則當推而大之，故受之以臨。於消息龍德在田，得地道之和，澤而動於地中，升陽憤盈，土氣震發。故曰：自今至於初吉，陽氣俱蒸，土膏其動。又先立春三日，而小過用事，陽好節止於內，動作于外，矯而過正，然後返求中焉。是以及于艮維，則山澤通氣，陽精闢戶，甲坼之萌見，而莩穀之際離。故曰：不震不渝，脈其滿眚，穀乃不殖。君子之道，必擬之而後言，豈億度而已哉。韋昭以為日及天廟，在立春之初，非也。於麟德曆則又後立春十五日矣。

《国语》曾说："農祥晨正，日月底于天庙，土乃脉發。"農祥即房星。晨正为日将出时，房宿见於午正方向。天庙即室宿。底作至解。脉發谓脉理奋发。又说："先时九日"云云，稷是司农事的官。初吉是月初。蒸作升解。土膏即土润。陽氣上升，使土地润澤。滀作变解。眚作灾解。如土膏弗动弗变，则脉滿氣結，反为灾害，穀不生殖。《国语》这些话，都是先王旧制。周初制度，每年立春以前，日至营室。室宿和心宿相距九十一度，適合古曆距中度数。这日晨初，大火正中。房和心相連，赤道度只距五度，故曰：農祥晨正，日月底於天庙。从易象说来，升氣究復，爻以臨卦。冬至一陽生，乾精七日而始復，至十二月中，大寒，草木在地中久伏，开始萌芽。陽氣既升，逐渐扩大，於《易》爻爻一臨。易序卦说：臨者大也。易·乾卦：初九潛龍勿用。至九二見龍在田。澤而动於地中。積久潛藏之陽氣，震发，至於初吉。京房以六十卦分配各用事日，立春前三日，小過卦用事。陽气恰好節止于内，动作於外。矯枉过正，復返中和。艮為山，又為西北之卦。於是甲坼之萌見。易解卦：雷雨作，而百果草木皆甲坼。都賴象土膏。《國語》說："不震不渝，脈其滿眚，穀乃不殖。"這些話都有根據，並非臆說。韋昭注以為日在天廟，在立春節之初，是不对的。用麟德曆推稱，卻在立春後十五日，太陽始抵天廟。

春秋桓公五年秋大雩。傳曰：書不時也。凡祀啟蟄而郊，龍見而雩。周曆立夏，日在觜觿二度，於軌漏昏角一度中，蒼龍畢見，然則當在建巳之初，周禮也。至春秋時，日已潛退五度，節前月卻猶在建辰。月令以為五月者，呂氏以為顓頊曆芒種亢中，則龍以立夏昏見，不知有歲差，故雩祭失時。然則唐禮當以建巳之初，農祥始見而雩，若據麟德曆以小滿後十三日，則龍角過中，為不時矣。

《春秋傳》記魯桓公五年秋大雩。雩是祭祀的名稱。四月時雨，萬物盛生，古人因此祭祀。雩祭在秋，左傳因此說它不是时候。古時啟蟄，即後世的驚蟄，郊祭天地，在建巳四月。那时蒼龍宿体，昏見東方，並行雩祭。周厤立夏節，日在觜觿二度，用晷漏时刻计算，角一度昏中，蒼龍全宿畢見。在建巳四月之初，這是周礼规定的。至春秋时，由于歲差，日已潛退五度。立夏節前，日却退在建辰三月。《月令》上说："仲夏之月，日在东井，昏亢中。"亢与角連，皆为蒼龍宿次，仲夏即五月，這是吕不韋用顓頊厤推算，退为五月、芒種節，亢昏中。適应：龍以立夏昏見，未将歲差算入，遂使雩祭，不在其時。因此，虞礼当在四月之初，即"建巳之初"，房星始見，举行雩祭。若据麟德厤推算，已在小滿後十三日，龍角已過南中，不是雩祭的時候了。

~~若据麟德厤以小满後十三日，则龍角過中，~~

傳曰：凡土~~功~~功，龍見而畢務，戒事，火見而致用，水昏正而栽，日至而畢。十六年冬城向，十有二月衛侯朔出奔齐，冬城向书時也。以歲差推之，周初霜降日在心五度，角亢晨見，立冬火見，营室中，後七日，水星昏正，可以栽幹。故祖冲之以为定之方中，直营室八度。是歲九月六日霜降，二十一日立冬，十月之前，水星昏正，故傳以為得時，杜氏據晉曆小雪後定星乃中。季秋城向，似為大早。因曰：功役之事，皆總指天象，不與言曆數同。引詩云：定之方中，乃未正中之辭，非是。唐麟德曆立冬後二十五日火見，至大雪後營室乃中，而春秋九月書時，不已早乎。大雪周之孟春，陽氣靜復，以繕城隍，治宮室，是謂發天地之房。方於立春斷獄，所失多矣。然則唐制宜以玄枵中天興土功。

畢務謂版築用具。戒事謂戒備從事。致用謂版築器材付諸實用。栽謂完畢。向是魯城，城謂修繕城郭。

今以歲差推算：周初霜降，日在心宿五度，角、亢皆朝見東方。立冬節則心宿出現，營室中。其後七日，水星昏正，可以興板築。角亢在心宿之西，相距二十度許，霜降角亢晨見，自霜降至立冬，日東行十五度許，和室宿東西相距八十度以上，故祖沖之以大明曆推之，得定之方中，在室宿八度。是歲九月六日霜降，二十一日立冬。水星昏正在十月之前。故左傳以城向得時。

杜预根据夏历，推得定星正中，在小雪以後，这样季秋九月城治，未免太早。杜预并以功役之事，总指天象，不和历数相同。并解《诗经》，定之方中，乃指将中之时，这是错的。麟德历以为立冬後二十五日火见，大雪後营室方中。这样，九月城治，也嫌太早。周历大雪當孟春，陽氣由伏而動，修城隍，作宫室，乃发天地之房，好比立春斷狱，失时尤甚。因此，唐制宜在十月初玄枵中天时，兴建土功，較為合適。

70年10月26日夜

唐一行大衍厤資料

大衍厤議(二)

七、

僖公五年，晉侯伐虢。卜偃曰：克之。童謠云：丙之晨，龍尾伏辰，袀服振振，取虢之旂。鶉之賁賁，天策焞焞，火中成軍。其九月十月之交乎。丙子旦，日在尾，月在策，鶉火中，必是時。策入尾十二度。新麻是歲十月丙子定朔，日月合尾十四度，於黃道古麻日在尾，而月在策。故曰：龍尾伏辰。於古距張中而曙，直鶉火之末，始將西降。故曰：賁賁。

僖公五年晉獻公伐虢，晉國掌卜筮的官，名叫卜偃的说：這次战争一定能打勝的。当時有童謠说：丙日清晨，日月会於尾宿，尾宿伏而不見，戎服極盛，可以奪取虢国的旂旗。鶉火賁賁，傅说近日无光，鶉火正中，促使軍事成功。這在九月、十月之交。這一自然現象："丙子旦，日在尾，月在策，鶉火中，""策入尾宿十二度，"在"九月十月之交。"用開元麻推算，僖公五年十月丙子定朔，日月合朔在尾宿十四度，由赤道度改为黄道度。古麻則日在尾，月在策，和童謠龍尾伏辰之说相符。古麻星距張宿晨中，天曙，恰当鶉火末度，始向西降，故曰：賁賁。

昭公七年四月甲辰朔日蝕，士文伯曰：去衛地，如魯地，於是有災，魯実受之。新曆是歲二月甲辰朔，入常雨水後七日，在奎十度，周度為降婁之始，則魯衛之交也，自周初至是，已退七度，故入雨水七日，方及降婁，雖日度潛移，而周律未改，其配神主祭之宿，宜書於建國之初。淳風駮戊寅曆曰：漢志降婁初，在奎五度，今曆日蝕，在降婁之中，依無歲差法，食於兩次之交，是又不然。議者曉十有二次之所由生，然後可以明其得失。且刘歆等所定辰次，非能有以覘觀陰陽之賾，而得於鬼神，各据當時中節星度耳。歆以太初曆冬至，日在牽牛前五度，故降婁直東壁八度，李業興正光曆冬至在牽牛前十二度，故降婁退至東壁三度。及祖沖之後，以為日度漸差，則当据列宿四正之中，以定辰次，不復係於中節。淳風以冬至常在斗十三度，則当以東壁二度為降婁之初，安得守漢曆以駮仁均耶。又三绕厤昭公二十年己丑日南至，与麟德及開元厤同。然则入雨水後七日，亦入降婁七度，非魯衛之交也。

魯昭公七年，周厤四月甲辰朔，日蝕始於豕韋（即诹訾）的末度，終於降婁的始度。豕韋是衛的分野，降婁是魯的分野。晉士文伯因说："去衛地，如魯地，於是有災，魯實受之。"若用開元厤推祘：魯昭公七年四月甲辰朔，得二月甲辰朔，適在恒氣雨水後七日，日在奎宿十度。根據周度计祘，是降婁的始度，即魯、衛的分界處。从周初到春秋，由於歲差，日已退行七度。从古厤日至月初为節，日至月中为中氣，在恒氣雨水七日以後，方交降婁。雖日度潛退，周礼未改，它的配神主祭之宿，仍旧执行建國初期的旧制。

李淳風駁傅仁均的戊寅厤说：三统厤載："降婁初，奎五度，雨水。"从今厤看来，日蝕在降婁的中间。不把歲差计祘在内，日蝕在兩次的交界處。這说法是不對的。議論這事，當须了解十二辰次的起因，然後可以明其得失。刘歆所定的辰次，不是依据《易經》所说："陰陽之頤，而得鬼神。"的精神来定，只是根据当時的中氣、節氣和星度的记録罢了。刘歆根据太初厤来修订厤法，那時冬至日在牵牛前五度，跟着推祘牵牛和降婁相距度數，用以决定降婁直东壁八度。李業興正光厤定冬至在牵牛前十二度，因把降婁退至东壁三度。到了祖冲之以後的厤家，由于歲差，看到日度西退，主張根据四象，以分列宿，為北正、东正、南正、西正，所謂四正中天，用以决定辰次，和中氣節氣不復相連。李淳风麟德厤以冬至日常在斗十三度，即当降婁初度，东壁二度，那能根据三统厤来反駁傅仁均呢？又由三统厤推昭公二十年己丑日南至，结果，与麟德、開元二厤相同。那么，昭公七年日蝕用三统厤推，亦得雨水後七日，入降婁七度，並非魯衛的交界處。

三十一年十二月辛亥朔日蝕。史墨曰：日月在辰尾，庚午之日，日始有謫。開元厤是歲十月辛亥朔，入常立冬五日，日在尾十三度，於古距辰尾之初。麟德厤日在心三度，於黄道退直于房矣。

昭公三十一年十二月辛亥朔日蝕，晋史墨推标日蝕在于辰尾。在辛亥前四十一日庚午，日始有謫。謫作变氣解。用開元麻推标：是歲十月辛亥朔，在恒氣立冬後五日，日在尾十三度。自古距度计，為辰尾之初。用麟德麻推，日在心宿三度。若改為黄道度，就退而在房宿了。

哀公十二年冬十有二月螽。開元麻推置閏當在十一年春至十二年冬，失閏已久。是歲九月己亥朔，先寒露三日，於定氣日在亢五度，去心近一次，火星明大，尚未當伏。至霜降五日，始潛日下，乃月令蟄虫咸俯，則火辰未伏，當在霜降前，雖節氣極晚，不得十月昏見。故仲尼曰：丘聞之，火伏而後蟄者畢。今火猶西流，司麻過也。

螽，《说文》釋作蝗。哀公十二年冬十有二月螽。十二月相当於夏十月。由於失閏，实際是九月。天氣尚暖，故有螽。用開元麻推标：当在十一年春置閏月，至十二年冬，失閏已一年多。是歲九月己亥朔，為寒露節前三日，用定氣计标，日在亢宿五度，和心宿相距，在二十五度以上，约近一次。心星明大，尚未当伏。至霜降後五日，日和心宿，接近二十餘度，火始潛居日下。《月令》上说："蛰虫咸俯，则火辰未伏。"当在霜降以前，即使節氣極晚，不能说火星十月昏見。故孔子答季康子问说："火伏而後蛰者畢，今火猶西流，司厤過也。"火星应在夏十月伏，火猶西流，是在九月。這明明是司厤失置一闰之過。

方夏后氏之初，八月辰伏，九月内火，及霜降之後，火已朝覿東方，距春秋之季，千五百餘年。乃云：火伏而後蛰者畢，向使冬至常居其所，則仲尼不得以西流未伏，明是九月之初也。自春秋至今，又千五百歲，麟德厤以霜降後五日，日在氐八度，房心初伏，定增二日，以月蝕衝校之，猶差三度，閏餘稍多，則建亥之始，火猶見西方，向使宿度不移，則仲尼不得以西流未伏，明非十月之候也。自羲和以來，火辰見伏，三覩厤變。然則丘明之記，欲令後之作者，參求微象，以探仲尼之旨，是歲失闰寖久，季秋中氣，後天三日，比及明年仲冬，又得一闰，寤仲尼之言，補正時厤，而十二月猶可以螽。至哀公十四年五月庚申朔日蝕，以開元曆考之，則日蝕前又增一閏，魯曆正矣。長曆自哀公十年六月，迄十四年二月，纔置一閏非是。

当夏后氏初期，《夏小正》載："八月辰則伏，九月内火。"《尔雅》云："大辰，房心尾也。"辰即大火。亦指房心尾三宿而言。内火，即入於大火。至霜降以後，火又朝見于東方了。經千五百餘歲，至春秋末頁，由于歲差，可以说是："火伏而後蟄者畢。"

假使每年冬至，太陽所在位置，不生变化，仲尼就不能因為：火猶西流，说明還是九月初的時候。不过从春秋到現在，又經千五百歲，用麟德曆算，得霜降以后五日，日始行至氐八度。房心兩宿初伏，增加二日。然以月蝕時，日月對衝来校对，日所在尚差三度。設遇閏餘稍多，則在建辰十月，火尚在西方。若不因歲差而宿度移動；那么，仲尼不得火猶西流未伏，表明不是十月的時候。自唐羲和以来，火辰纪録，自唐至夏初，自夏至周初，自周初至春秋末頁，已經变動三次。左丘明所記，想使後世厤家，研究微妙的天象，從而探索仲尼书法原旨。哀公十二年所记，由于失闰已久，季秋中氣，已經後天三日；等到明年仲冬，应该又置一闰。从此可以明白仲尼所书十二月猶可以螽，那是含有補正時历的用意的。至于哀公十四年五月庚申朔日蚀，用开元厤推标，日食以前，又当增一闰月。鲁厤是正確的。然杜預長厤自哀公十年六月，至十四年二月，只置一个闰月，這是不對的。

戰國及秦，日卻退三度。始皇十七年辛未歲冬至，應在斗二十二度。秦厤上元正月己巳朔晨初立春，日月五星俱起营室五度，蔀首日名，皆直四孟，假朔退十五日，則闰在正月前，朔進十五日，則闰在正月後，是以十有二節，皆在盈缩之中，而晨昏宿度隨之，以顓頊厤依月令自十有二節推之，与不韋所記合，而顔子嚴之倫，謂月令晨昏，距宿，當在中氣，致雩祭太晚，自乖左氏之文，而杜預又据春秋以月令為否，皆非是。

战国及秦，日又退却三度。始皇十七年，歲在辛未，冬至日应在斗宿二十二度。

秦用顓頊曆，四分曆的一種。上元为公元前366年甲寅歲，由此上推60倍數的4560年正月甲寅日晨初立春。兩者都是秦曆的起標点。但這兩曆元，一个太近，一个太遠。於是截取公元前1506年乙卯歲第二曆元，为起標点。是歲正月是己巳朔。日月五星俱起營室五度。這是"秦曆上元正月己巳朔晨初立春"的由來。顓頊曆每經76年为一蔀，第一蔀首日名为己巳。再經76年，第二蔀首正月为丁未朔。亦为該歲四孟的第一孟，所謂：蔀首日名，皆直四孟。立春是節氣而非中氣，根據中朔关係，中氣并非固定在一月之內。例如：冬至可以从十一月初，漸退移至月终。由於置闰，周而復始。由於中氣移動，立春亦随着由十二月中间，漸移退至正月中间。所谓："正月朔立春"，其置闰月，应較十一月朔冬至为曆元的，後退若干月；朔即立春，应退十五日，至十二月中间。即应闰在正月前。同理，朔後十五日，闰应移後若干日。因此，顓頊曆一年十二節氣，都可盈缩。同時，晨中星和昏中星宿度，也隨着不同。今由顓頊厤的十二節，推吕不韋《月令》各月的日躔昏明中星，無不符合。後漢潁子嚴之流，却説《月令》所记晨昏距宿度，是中氣的天象。這样，遇它从事雩祭，那就太晚了。這和左传所记龍見而雩之文乖戾。杜預又据春秋，以非月令，都是不對的。

梁大同厤夏后氏之初，冬至日在牽牛初，以為明堂月令，乃夏時之記。据中氣推之不合，更以中節之间為正，迺稍相符，不知進在節初，自然契合。自秦初及今，又且千歲，節初之宿，皆當中氣。淳風因為説曰：今孟春中氣，日在营室，昏明中星与月令不殊。按秦厤立春，日在营室五度。麟德厤以啟蟄之日，迺至营室，其昏明中宿十有二建，以為不差，妄矣。

梁虞廣剏作《大同厤》，把《明堂月令》認為是夏代的記录，遂定《夏小正》冬至日在牽牛初，并説：夏小正所记，都是中氣時的天象，根据中氣推祘，实際都不符合。於是改用"中節之间為正"，加以推祘，始得稍稍符合。还不知道应当："進在節初，自然契合。"从秦初到現在，又經过了千餘歲。凡節初的宿度，都移過了十五度许，和中氣相当。李淳風却说：現在孟春中氣，日在营室，以及和它联系的昏明中星，是和《月令》所记没有两样的。不过秦麻立春，日在营室五度。麟德麻以啟蟄之日，乃在营室。這样麟德麻的昏明中宿和十二建，自然和《月令》所記不同，却以为不差，顯然是錯误的。

古麻冬至昏明中星，去日九十二度，春分秋分百度，夏至百一十八度，率一氣差三度，九日差一刻，秦麻十二次，立春在营室五度，於太初星距危十六度少也。昏畢八度中，月令参中，谓肩股也。晨星八度中，月令尾中，於太初星距尾也。仲春昏東井十四度中，月令弧中，弧星入東井十八度，晨南斗二度中，月令建星中，於太初星距西建也。甄耀度及魯麻南方有狼、弧，無東井、鬼，北方有建星無南斗，井斗度長，弧建度短，故以正昏明云。

古麻冬至昏明中星，与日相距，規定92度，春分秋分規定100度，夏至規定118度。黄道去極度的平均率："一氣差三度"，晝夜漏刻差異；"九日差一刻"。這与後漢四分曆的昏明中星規定，大致相同。後漢永元十二年太史霍融曾说："官漏刻率九日增減一刻，不与天相应。"這是霍融覺察古曆傳统規定規定闊略，因而倡出改革之議。秦曆十二次，立春日在營室五度，相当於太初星距危16度少，自室宿5度，至畢8度，在秦曆距度為80餘度，因而規定立春昏中為畢8度。《月令》稍加改正，為參宿的肩股。同理，晨中星為心宿8度，《月令》為尾宿，相当於太初星距亦是尾宿。仲春二月昏時南中星為井宿14度，《月令》為弧星，因弧星入東井15度。晨中星為南斗二度，《月令》所记為建星。相当于太初星距的西建。在《緯书·甄耀度》和《魯曆》中，南方有狼、弧，無東井、鬼；北方有建星，無南斗。井、斗宿的赤道度度較長，弧、建星較短。《月令》以弧、建星以正昏明，是較為正確的。因此，《月令》採用它。

古曆星度及漢洛下閎等所測，其星距遠近不同，然二十八宿之体不異。古以牽牛上星為距，太初改用中星，入古曆牽牛太半度，於氣法當三十二分日之二十一，故洪範傳冬至日在牽牛一度，減太初星距二十一分，直南斗二十六度十九分也。顓頊曆立春起營室五度，冬至在牽牛一度少。洪範傳冬至所起無餘分，故立春在營室四度太。祖冲之自營室五度以太初星距命之，因云：秦曆冬至日在牽牛六度，虞劆等襲冲之之误，為之说云：夏時冬至，日在斗末，以歲差考之，牽牛六度，乃顓頊之代。漢時雖觉其差，頓移五度，故冬至還在牛初。按洪範古今星距，僅差四分之三，皆起牽牛一度，劆等所说亦非是。

古曆對於各星度數，及漢落下閎等制订太初曆時所測，星距遠近不同。但二十八宿星体，是一样的。古代把牽牛上部的星，作为牽牛宿的距星。太初曆改用中星。這中星入古曆牽牛宿太半度。所謂"太半"，和《四分曆》的 $\frac{21\frac{1}{3}}{32}$，比率相同。

洪範传載：冬至，日在牽牛一度。用以減去太初星距 $\frac{21}{32}$；復以南斗為 $26^{\circ}\frac{8}{32}$，則 $26^{\circ}\frac{8}{32}+\left(1-\frac{21}{32}\right)=26^{\circ}\frac{19}{32}$ 得："直南斗二十六度十九分也。"

顓頊曆冬至在牽牛一度少，以之推移，

立春起营室五度。根据《开元占经》中刘向《洪範传》所載二十八宿度为：

牛六、女十二、虚十一、危九、室二十，

以之计标，如冬至在牵牛一度少，立春適在室宿五度。《洪範传》載：冬至，日在牵牛一度無餘分，则立春須稍移動，在營室四度太。祖冲之则根据太初制厤時实测的星距，即淮南子所載的星分度为：

牛八、女十二、虚十、危十七、室十六。

从而自室五度逆推，至牛一度，得五十一度，故刘宋《律厤志》載："漢代之初，即用秦厤，冬至，日在牵牛之度。漢武改立太初厤，冬至日在牛初。"虞劇等不知祖冲之因襲淮南子的谬误，反为之说：夏代冬至日在斗宿末度。若考之歲差，牵牛之度是在顓頊時代。漢武帝時察觉其差，輒移五度，冬至改为牛初。這和《洪範传》所说："古今星距，僅差四分之三，皆起牵牛一度。"是不符合的。虞劇等所说也不對。

鲁宣公十五年丁卯歲，顓頊厤第十三蔀首，与麟德厤俱以丁巳平旦立春，至始皇三十三年丁亥，凡三百八十歲，得顓頊厤壬申蔀首，是歲秦曆以壬申寅初立春，而開元曆與麟德曆俱以庚午平旦，差二日。日當在南斗二十二度。古曆後天二日，又增二度，然則秦曆冬至，定在午前二度，氣後天二日，日不及天二度，微而難覺。故呂氏循用之，及漢興張蒼等亦以為顓頊曆，比五家疏闊中最近密。今考月蝕衝，則開元冬至，上及牛初，正差一次，淳風以為古術疏舛，雖弦望昏明，差天十五度，而猶不知。又引呂氏春秋黃帝以仲春乙卯，日在奎，始奏十二鍾，命之曰咸池。至今三千餘年，而春分亦在奎，反謂秦曆與今不異。按不韋所記，以其月令孟春在奎，謂黃帝之時亦在奎，猶淳風曆冬至斗十三度，因謂黃帝時，亦在建星耳。經籍所載，合於歲差者，淳風皆不取，而專取於呂氏春秋，若謂十二紀，可以為正，則立春在營室五度，固當不易，安得頓移使當驚蟄之節，此又其所不思也。

春秋傳魯宣公十五年，歲次丁卯。適為顓頊曆第十三蔀丁巳蔀首，相當於公元前594年，以丁巳平旦立春。用麟德

厤推祘，结果相同。自此以降五蔀，至秦始皇三十三年丁亥，即公元前214年，共三百八十年，為顓頊厤壬申蔀首，是歲正月壬申朔平旦立春。但用開元和麟德二厤推祘，俱得庚午平旦立春，在壬申前二日。是日日在南斗二十二度。壬申应在二十四度，古厤後天二日。日躔应增二度。所以秦厤冬至，定在午前二度。中氣後天二日，日躔少计二度，相差微小，難以覺察。《吕氏春秋》仍是沿襲应用。

漢兴，北平侯張蒼等说：顓頊厤在古六厤中，比其餘五家厤，疏阔中最為密近。襲秦正朔，但用月蝕衡來檢驗，開元厤所考冬至所在宿度，与牛初的記載，恰差一次，即十五度。李淳風曾说：古術疎舛，但弦望昏明，已差十五度，還不知道。并引《吕氏春秋》记載，以為：黄帝在仲春乙卯日，日在奎，奏十二律吕，即咸池樂。至作麟德厤時，相距三千餘年，春分日，日仍在奎。和《月令》所載："仲春之月，日在奎"同。因说：秦厤和今厤，推祘無異。

按呂不韋的記載，《月令》孟春在奎（孟春应改为仲春，疑为传刻之误。）黄帝時日亦在奎，和李淳風说：冬至日在斗十三度，黄帝時日也在建星，意義相同。李淳風對於經籍所載，合於歲差的，都不採取。獨於《呂氏春秋》，如十二紀所述天象，認為可以作為標準。那麼，《呂氏春秋》曾记："立春在營室五度"，自然是不能改变的了？為了什么，麟德曆上却改作："以啟蟄之日，乃至營室"？這里，李淳風沒有好好的考慮。

漢四百二十六年，日却差五度。景帝中元三年甲午歲冬至，應在斗二十一度。太初元年三统曆及周曆皆以十一月夜半合朔冬至，日月俱起牽牛一度。古曆与近代密率相較，二百年氣差一日，三百年朔差一日，推而上之，久益先天，引而下之，久益後天。

漢代统治四百二十六年，由於歲差，日躔西退五度。景帝中元三年，為甲午歲，冬至，日在斗二十一度。至太初元年，用三统曆和周曆推祘，俱得：十一月夜半合朔冬至，日月俱起牽牛一度。古曆和近代密率相較，兩百年氣差一日，三百年朔差一日。所以，若用古麻推術，向上逆推，則必先天；向下順推，則必後天。這是一定不易的。

僖公五年周麻正月辛亥朔餘四分之一南至，以歲差推之，日在牽牛初。至宣公十一年癸亥，周麻与麟德麻俱以庚戌日中冬至，而月朔尚先麟德麻十五辰。至昭公二十年己卯，周麻以正月己丑朔日中南至。麟德麻以己丑平旦冬至。哀公十一年丁巳，周麻入己酉蔀首，麟德麻以戊申禺中冬至，速王四十三年己丑，周麻入丁卯蔀首，麟德麻以乙丑日昳冬至。吕后八年辛酉，周麻入乙酉蔀首，麟德麻以壬午黄昏冬至。其十二月甲申人定合朔。太初元年，周麻以甲子夜半合朔，冬至。麟德麻以辛酉禺中冬至，十二月癸亥晡時合朔，氣差三十二辰，朔差四辰，此疏密之大較也。

古麻先天後天，举例论之：

僖公五年，周麻推得：正月辛亥朔日南至，猶有朔餘四分之一。以歲差推之，得日在牽牛初。

宣公十一年癸亥，用周麻和麟德麻推

秝，俱得癸亥前一日庚戌日中，即午正，冬至。兩厤所推合朔比較，周厤先於麐麟德厤十五辰。

昭公二十年己丑日南至，周厤得"正月己丑朔日中南至"。麐麟德厤得"己丑平旦冬至"。

哀公十一年丁巳朔，周厤入乙酉蔀首，麐麟德厤得戊申禺中冬至。"禺中"指巳正。

惠王四十三年己丑，周厤入丁卯蔀首，麐麟德厤得乙丑日昳冬至。昳即午後未時。後者先三十二辰。

呂后八年辛酉，周厤入乙酉蔀首，麐麟德厤得壬午黄昏冬至。十二月甲申入定合朔。後者先四日九辰，朔先一日。"入"，原文误作"人"。

太初元年，周厤得甲子夜半合朔冬至，麐麟德厤得辛酉禺中冬至。十二月癸亥晡時合朔。晡即午後申時。辛酉先甲子三日，癸亥先甲子一日。是氣差四十三辰。原文作"三十二"，今改正。朔差四辰。

這是周厤和麐麟德厤疏密的比較。

僖公五年周厤、漢厤、唐厤，皆以辛亥南至，後五百五十餘歲。至太初元年，周厤、漢厤皆得甲子夜半冬至，唐厤皆以辛酉，則漢厤後天三日矣。祖冲之、張胄玄促上章歲，至太初元年，冲之以癸亥鷄鳴冬至，而胄玄以癸亥日出，欲令合於甲子，而適与魯厤相会。自此推僖公五年，魯厤以庚戌冬至，而二家皆以甲寅。且僖公登觀臺以望而書雲物，出於表晷天驗，非時史億度，乖丘明正時之意，以就刘歆之失。今考麟德元年甲子，唐厤皆以甲子冬至，而周厤、漢厤皆以庚午，然則自太初下至麟德差四日，自太初上及僖公差三日，不足疑也。

今以周厤、漢厤、唐厤考較春秋時、漢太初，以及唐代各阶段冬至日干異同。

僖公五年辛亥日南至，周厤、漢厤、唐厤三厤推疏相同。

後五百五十餘歲，至漢太初元年：周厤、漢厤俱推得甲子夜半冬至。然唐厤推得甲子前三日辛酉冬至。以唐厤为準，是漢厤後天三日。

祖冲之大明厤不用古厤十九年七闰法，改用391年为章歲。張胄玄大業厤用411

为章歲。所谓："促上章歲"。太初元年，祖冲之推得前一日癸亥鷄鸣冬至；張胄玄得癸亥日出。祖、張二氏進而推求春秋，使与六十甲子符合，因而与鲁厤会同推驗。所谓："道与鲁厤相会。"推称：僖公五年，冬至，鲁厤得先一日庚戌冬至。冲之与胄玄俱得後三日甲寅。我们知道：僖公登台以书雲物，出於表晷实测，并非史官臆度。丘明是据实记載，说有误差，那就有乖丘明正時之意；同時，却是還就刘歆之失。

今考麟德元年甲子，相当公元664年，唐厤推得甲子冬至。周厤、漢厤均得庚午，都是後天六日。

由此可证：自太初至麟德下推767年，应差四日；自太初上推至僖公五年551年，应差三日。毫無可疑。

以歲差考太初元年辛酉冬至加時，日在斗二十三度。漢厤氣後天三日，而日先天三度所差尚少。故洛下闳等雖候昏明中星，步日所在，猶未觉其差。然洪範、太初所揆，冬至昏奎八度中，夏至昏氐十三度中，依漢麻冬至，日在牽牛初太半度，以昏距中命之，奎十一度中，夏至房一度中，此皆閎等所測，自差三度，則刘向等殆已知太初冬至，不及天三度矣。

根据歲差，考察太初元年辛酉冬至加時，日应在斗23度。漢麻氣已後天三日，日所在已先天三度。所差尚少，故落下閎等雖注意実測，候簿昏明中星，推步日行宿度，還未覚察其差。然在刘向的《洪範傳》中，説及太初麻的撰度，冬至的昏中星為奎宿八度。夏至昏中星為氐宿十三度。依漢麻推稀，冬至日在牽牛初太半度。据日所在，以推昏距中星。《步軌漏術篇》載：冬至距中星度為82度有奇。得奎11度中。同理，得夏至房一度中。把落下閎等実測所得，和《洪範傳》所説比較，冬至昏中星，差了三度。自氐十三度，至房一度，也差三度，夏至亦然。由此可見，刘向等似乎已經知道太初太初冬至，不及天三度了。

及永平中，治麻者考行事史官注，日常不及太初麻五度。然諸儒守讖緯，以為当在牛初，故賈逵等議石氏星距，黄道規牽牛初直斗二十度，於赤道二十一度也。尚书考靈耀斗二十二度無餘分，冬至日在牽牛初，無牽牛所起文。編訢等据今日所去牽牛中星五度，於斗二十一度四分一，与考灵耀相近。遂更麻從斗二十一度起，然古麻以斗魁首为距，至牽牛为二十二度，未聞移牽牛六度以就太初星距也。逵等以末学僻於所傳，而昧於天象，故以權誣之，而後所從他術。以为日在牛初者，由此遂黜。

到了永平中，麻家参考史官簿注，日躔所在常不及太初麻五度。当時讖緯盛行，诸儒都墨守其说，認為日躔当在牛宿初度。賈逵等曾说：《石氏星經》说：黄道規上牽牛初，適為斗二十度，相当於赤道的二十一度。但《尚书・考灵耀》：斗宿佔二十二度，無餘分。冬至，日在牽牛初，未言牽牛从何度为起点。编訢等作四分麻，却以牽牛所在中星五度为据，相当于斗二十一度四分一。和《考灵耀》所載相近。於是更改麻的起点，为斗二十一度。

编訢等说，見《四分麻》推合朔日所在度。古麻是以斗的魁首為斗距星，和牽牛距度為二十二度。若以二十二度计，则"日常不及太初麻五度"，应为六度，而非五度。然又未闻移为牽牛六度，用以還就太初星距。賈逵等一知半解，昧於所傳，又不曉天象，因此濫用權力，冒言说。此後听从他術，認為冬至日在牛初的，這一说遂黜。

今歲差引而退之，則辛酉冬至，日在斗二十度，合於密率，而有驗於今。推而進之，則甲子冬至，日在斗二十四度，昏奎八度中，而有說於古。其虛退之度，又適及牽牛之初，而冲之雖促減氣分，冀符漢麻，猶差之度，未及於天，而康壽德麻冬至不移，則昏中向差半次。淳風以為太初元年，得本星度，日月合璧，俱起建星。賈逵孝麻亦云：古麻冬至，皆起建星。兩漢冬至，日皆後天。故其宿度，多在斗末。今以儀測建星，在斗十三四度間，自古冬至，無差審矣。按古之之術，並同四分。四分之法，久則後天。推古麻之作，皆在漢初，卻較春秋朔並先天，則非三代之前明矣。

前文所述，结合岁差考虑："引而退之"。太初元年辛酉冬至，日应在斗二十度，合於開元厤的密率，有验於今。同理推演，太初元年甲子冬至，周、漢两厤推标，俱後天三日，并以斗魁首为距，日应在斗二十四度，昏中星在奎八度。這於古厤有证。開元厤所推甲子冬至，为"虚退之度"，適在牽牛之初。祖冲之大明厤，把斗分化为十進小數，較四分厤为小，所谓："促减氣分"，冀符漢厤，猶差六度，不及於天。麟德厤不講岁差，因此冬至日所在宿次，一定不移，昏中星一直就差十五度。李淳風根据《史記》和《漢书》的记载，太初元年得本星度在建星所在，日月如合璧。賈逵论厤，也说：古厤冬至，皆起建星。用開元厤推两漢冬至，日皆後天。故其宿度，多在斗末。今以渾儀測建星，則斗在十三四度間。這样復核古来冬至，没有差错，是很清楚的了。古之六厤，都同四分。四分之法，由於斗分太强，久則後天。然用以推春秋諸朔，並皆先天。可見古厤之作，皆在漢初，不是三代前所制订，是很明白的。

古曆南斗至牽牛上星二十一度，入太初星距四度，上直西建之初，故六家或以南斗命度，或以建星命度。方周漢之交，日已潛退。其襲春秋舊曆者，則以為在牽牛之首。其考當時之驗者，則以為入建星度中。然氣朔前後不逾一日，故漢曆冬至當在斗末，以為建星上得太初本星度，此其明據也。

古曆自南斗初度，至牽牛上星，相距21度，相当於太初星距四度，恰在建星西端。所謂“西建之初”。故六家曆術，或以南斗命度，或以建星命度。当周、漢之際，冬至日所在，已潛退。曆家或根据春秋旧曆，以為冬至日在牽牛初度。有的根据当時实测，則以為冬至日在建星度中。但当時所推節氣、合朔前後，所差不過一日。所以漢曆冬至当在斗末，因以為建星上得太初本星度。這是明確的证据。

四分法雖疏，而先賢謹於天事，其遷革之意，俱有效於當時，故太史公等觀二十八宿疏密，立晷儀，下漏刻，以稽晦朔分至躔離弦望，其赤道遺法，後世無以非之。故雖候清臺，太初最密。若當時日在建星，已直斗十三度，則壽王調厤宜允得其中，豈容頓差一氣，而未知其謬，不能觀乎時變，而欲厚誣古人也。

古厤四分法雖然疏闊，前代厤家對於天象觀測，還是十分謹慎。隨時遷革，當時都曾發生效果。漢武帝制定太初厤時，太史公等測定二十八宿宿度疏密，立晷儀，下漏刻，用以考察晦朔、二分二至、日躔月離及其弦望。規定赤道度。即所謂："赤道遺法"。後世無以非之。繼古四分厤，而作太初厤。太初厤斗分雖比四分為大；然雖候清臺，還推太初最密。設太初元年冬至，日在建星，已直斗十三度，則宣帝時太史張壽王所揭黃帝調厤，宜与太初厤相符。所謂："允得其中。"那有相差一氣，不能覺察其謬，不能明其變革，而想厚誣古人的。

後百餘歲，至永平十一年，以麟德厤較之，氣當後天二日半，朔當後天半日，是歲四分厤得辛酉蔀首，已減太初厤四分日之三，定後天二日太半。開元厤以戊午禺中冬至，日在斗十八度半弱，潛退至午前八度，進至辛酉後半，日在斗二十一度半弱。續漢志云：元和二年冬至日在斗二十一度四分之一是也。祖冲之曰：四分厤立冬景長一丈，立春九尺六寸。冬至南極，日晷最長，二氣去至，日數既同，則中景應等，而相差四寸，此冬至後天之驗也。二氣中景，日差九分半弱，進退调均，略無盈缩，各退二日十二刻，則景皆九尺八寸，以此推冬至後天，亦二日十二刻矣。

後百餘歲，至永平十一年，経172年，用麟德厤推祘比較，氣後天二日半，朔後天半日。若依麟德厤為準，漢、周二厤，俱应後天三日，得辛酉蔀首。若和太初厤相較，已減去四分厤之三。"厤"原文误作"日"。後天二日太半。若用開元厤推祘，得辛酉前三日戊午午前八時許冬至。日在斗十八度半弱，無畏潛退至牛前八度。再过三日，進至辛酉夜半，日又東行三度，抵斗二十一度半弱。《續漢志》上固說："元和二年，冬至日在斗二十一度四分之一。"

祖冲之則根據晷景，以证四分厤的後天。他說：四分厤立冬立春，距冬至日數相等。测驗日影，冬至日在極南，影应最長。前後二立，影应相等。但立冬影長一丈，立春九尺六寸，相差四寸。這是冬至後天的檢驗。同時，二氣中影，每日相差九分半弱，$\frac{10尺+9尺6寸}{2}=9尺8寸$，適和冬至及二立，各退二日十二刻相当，也即表示冬至後天為二日十二刻。

東漢晷漏，定於永元十四年，則四分法施行後十五歲也。二十四氣加時進退不等，其去午正極遠者，四十九刻有餘。日中之晷，頗有盈縮，故治麻者皆就其中率，以午正言之，而開元麻所推，氣及日度，皆直子半之始。其未及日中，尚五十刻，因加二日十二刻，正得二日太半，與沖之所算及破章二百年間，輒差一日之數皆合。自漢時辛酉冬至，以後天之數减之，則合於今麻歲差斗十八度。自今麻戊午冬至，以後天之數加之，則合於賈逵所測斗二十一度，反復僉同，而淳風冬至常在斗十三度，豈當時知不及牽牛五度，而不知過建星八度耶。

東漢晷漏法，直至永元十四年始定，在元和二年施行四分麻後的第十五年。那時二十四氣，各有小餘，加時因此不等，有在日始，有在日中，有在日终。其去午正极远的，四十九刻馀，和日中之晷相较，颇有盈缩。因此曆家都就中率午正言之。但开元曆所推各气及日度，不和他曆一样，以“子半之始”为準。即将日度既称，和日中有五十刻的距离。因此加入祖冲之所说：冬至後天之数二日十二刻，正得後天二日太半。祖冲之定章岁为三百九十一，章闰为一百四十四，和十九年七闰相较，《大明曆》在391年间，多$\frac{1}{19}$月，即$\frac{29}{19}$日有奇。有此闰法，二百年间，应差一日二十刻有奇。就其整数，所谓：“辄差一日之数”。开元曆术，自汉時辛酉冬至，减以後天二日十二刻，则得戊午冬至，合于今曆岁差斗十八度。自今曆戊午冬至，加後天二日十二刻，合於後漢賈逵所测，日在斗二十一度。這样反復推称，结论统一。李淳风麟德曆仍说：冬至常在斗十三度，甚道当時他只知冬至不及牵牛五度，未知戊午冬至，日已潛退至牛前八度，所谓：“退建星八度”耶”？

晋武帝太始三年丁亥岁冬至，日當在斗十六度。晋用魏景初曆，其冬至亦在斗二十一度少。太元九年，姜岌更造三紀術，退在斗十七度，曰：古麻斗分强，故不可施於今；乾象斗分细，故不可通於古。景初雖得其中，而日之所在，乃差四度。合朔虧盈，皆不及其次。假月在東井一度蝕，以日檢之，乃在參六度。岌以月蝕衝知日度，由是躔次遂正，為後代治麻者宗。

又後231年，晉武帝太始三年，歲次丁亥，由於歲差，冬至日应在斗宿十六度。但当時晋用景初麻，推日度術中説："命度自牛前五度起"，即"冬至亦在斗二十一度少"。

又後118年，後秦太元九年，姜岌造三紀甲子元麻。這時冬至日已退至斗十七度。他説：四分麻不可施於今，因斗分强；乾象麻不可通於古，因斗分细。景初麻斗分是兩者的折衷，冬至日的宿次，却差四度。因此，晦朔弦望，都不在日所应在宿次。

例如：赤道廣度，參井毗連，參為十度，井三十三度。設月在東井一度，蝕，以日檢之，因相差四度，实际在參六度。姜岌根据月蝕時，日月相距180餘度，用来推知日度。太陽躔次從此獲得矯正，後代麻家，都以此法為宗。

宋文帝時何承天上元嘉麻曰：四分、景初麻冬至同在斗二十一度。臣以月蝕檢之，則今應在斗十七度，又土圭測二至，晷差三日有餘，則天之南至，日在斗十三四度矣。事下太史考驗，如承天所上。以開元麻考元嘉十年冬至，日在斗十四度，与承天所測合。大明八年，祖冲之上大明麻，冬至在斗十一度。開元麻应在斗十三度。梁天监八年，冲之子員外散騎侍郎暅之，上其家術。詔太史令將作大匠道秀等較之，上距大明又五十年，日度益差。其明年閏月十六日，月蝕在虛十度，日应在張四度。承天麻在張六度，冲之麻在張二度。

宋文帝時，何承天上元嘉麻说：四分、景初兩麻均定冬至日在斗二十一度。他採用姜岌："以月蝕衝，定日度"，認为現在冬至，日应在斗十七度。復用土圭，測冬夏二至，晷差三日有餘；那麼实際天象，日南至時，应在斗十三、四度。文帝下诏，叫太史考驗，和承天所说符合。今用開元麻推元嘉十年冬至，亦得日在斗十四度，也和承天所測符合。孝武帝大明八年，祖冲之上大明曆。他說：冬至日已潛退至斗十一度。用開元曆推，應在斗十三度。梁武帝天監八年，冲之子暅之上其家術。武帝詔道秀等考查。其時上距大明，又五十年，日度益差。明年梁始用大明曆，閏六月十六日，月蝕在虛宿十度。以日月相距180餘度推之，日應在張宿四度。但用元嘉曆推，在張六度；大明曆推，在張二度。

大同九年，虞劆等議，姜岌、何承天俱以月蝕衝步日所在。承天雖移及三度，然其冬至亦上岌三日。承天在斗十三四度，而岌在斗十七度，其實非移。祖冲之謂為實差，以推冬至日在斗九度。用求中星不合。自岌至今，將二百年，而冬至在斗十二度。然日之所在難知。驗以中星，則漏刻不定。漢世課昏明中星，為法已淺。今候夜半中星，以求日衝，近於得密，而水有清濁，壺有增減，或積塵所擁，故漏有遲疾。臣等頻夜候中星，而前後相差或至三度。大略冬至遠不過斗十四度，近不出十度。又以九年三月十五日夜半月在房四度蝕，九月十五日夜半月在昴三度蝕，以其衡计冬至，皆在斗十二度。自姜岌、何承天所测，下及大同日已却差三度，而淳風以為晉宋以來三百餘歲，以月蝕衡考之，固在斗十三四度间，非矣。

武帝大同九年，虞劆集厤家讨論：姜岌、何承天都以月蝕衡步日所在。何以元嘉厤和大明厤日躔相差三度？認為：承天比岌雖移三度，但其冬至，亦移前三日。承天在斗十三四度，岌在斗十七度，以月蝕衡檢驗，等於不移。這所差三度，祖沖之称为实差。以之推今冬至，日在斗九度。對於推求中星不合。自岌至今，將二百年。冬至日度，約退至斗十二度。因此想推求真正日之所在，是較難的。驗以中星，由於測候不良，漏刻也難明確決定。漢世課昏明中星，為法已淺。現在改用候夜半中星，以求和中星的日衡，這个方法較前似乎近密。但水有清濁，壺有增减，有時并積塵埃，使漏有迟疾，這都使漏刻由而產生誤差。虞劆等連日夜半，測候中星，前後所生差數，竟至三度。所以冬至日所在宿度，差數大约不出三度，远不过十四度，近不出十度。

试以实例推求。大同九年三月十五日，月在房宿四度蚀；九月十五日，月在昴宿三度蚀。这两个例子，以求日衝，所求冬至日所在，皆在斗十二度。说明冬至日所在，不出斗十四和十度之间。这是虞劇等讨论的结果。

自姜岌、何承天两人实测以来，下至大同，日已退却三度。李淳风却以为晋宋以来三百余年，以月蚀考之，日尚在斗十三、四度间。这当然是错的。

刘孝孫甲子元歷，推太初冬至，在牵牛初，下及晋太元宋元嘉皆在斗十七度。開皇十四年，在斗十三度，而刘焯歷仁寿四年冬至。日在黄道斗十度，於赤道斗十一度也。其後孝孫改從焯法，而仁寿四年冬至，日亦在斗十度。焯卒後，胄玄以其前歷上元起虚五度。推漢太初，猶不及牵牛，乃更起虚七度，故太初在斗二十三度。永平在斗二十一度，~~乃更起虚七度，故太初在斗二十三度。永平在斗二十一度~~，竝与今歷合。而仁寿四年冬至，~~日亦~~在斗十三度。以驗近事，又不逮其前歷矣。

刘孝孫《甲子元麻》，推太初冬至，在牽牛初；晋太元、宋元嘉在斗十七度；開皇十四年在斗十三度；仁寿四年冬至，日在黄道斗十度，在赤道斗十一度。

後来，刘孝孫改用刘焯《皇極麻》，推隋仁寿四年冬至，日亦在斗十度。

刘焯死後，張胄元作《開皇麻》，後名《大業麻》，規定周天起虛宿五度，以推太初冬至，日度還不到牽牛。復改用周天起虛宿七度，以推太初冬至，日度在斗二十三度。永平間在斗二十一度。這兩条和今麻符合。然以之推仁寿四年冬至，得日在斗十三度。以驗近事，還不及前麻。

戊寅麻太初元年辛酉冬至，進及甲子，日在牽牛三度。永平十一年，得戊午冬至，進及辛酉，在斗二十六度。至元嘉中氣上景初三日，而冬至猶在斗十七度。欲以求合，反更失之。又曲循孝孫之論，而不知孝孫已變从皇極，故為淳風等所駁。歲差之術，由此不行。以太史注記，月蝕衝考日度，麟德元年九月庚申，月蝕在婁十度。至開元四年六月庚申，月蝕在牛六度，較麟德厤率差三度，則今冬至定在赤道斗十度。

唐傅仁均作戊寅厤，用以推開元厤所推太初元年辛酉冬至，得三日後的甲子日，日在牽牛三度。同理，以推漢明帝永平十一年戊午冬至，得後三日辛酉，日在斗二十六度。以推劉宋元嘉時中氣，比景初厤均前三日，冬至日所在尚在斗十七度。欲以求合，反更失之。傅仁均曲循孝孫之論，而不知孝孫已改從皇極，仍是祖述孝孫，所以為李淳風等所駁。歲差之術，從此不載入厤。今用太史注記，以月蝕衝考日度。麟德元年九月庚申，月蝕在婁十度；開元四年六月庚申，月蝕在牛六度，用月蝕衝推求日度所在，發覺麟德厤率差三度，由此可見，今冬至日應在赤道斗十度。

又皇極厤歲差，皆自黃道命之。其每歲周分，常當南至之軌，与赤道相較，所減尤多，計黃道差三十六度，赤道差四十餘度。雖每歲遯之，不足為過。然立法之体，宜盡其原。是以開元曆皆自赤道推之，乃以今有術，從變黃道。

皇極曆周數千七百三萬七千七十六，歲數千七百三萬六千四百六十六半。周數以減歲數，餘六百九半，称为周差。復除以氣日法，亦名度法，四萬六千六百四十四，得真正歲差。《開元曆經》載《皇極曆》歲差为一千四百二十三，約七十五年差一度。皇極曆歲差："皆自黃道命之"。"女末接虛，謂之周分。"每歲周分起標點，常在南至之軌。起標點由於歲差关係，每微向西移。和赤道相較，冬至日度減退更多。计黃道差三十六度，赤道差四十餘度。"每歲漸之"，不足为道。漸作潛退解。今就立法体裁言之，应该推寻本源。《開元曆》步日躔術内，有歲差一項。皆從赤道推標，"以今有術，從变黃道。"

其八，日躔盈缩。略例曰：北齐張子信積候合蝕加時，覺日行有入氣差，然損益未得其正。至刘焯立盈缩躔衰術，与四象升降，麟德麻因之，更名躔差。凡陰陽往來皆馴積而變，日南至其行最急，急而漸損，至春分及中而後遲。迨日北至其行最舒，而漸益之。以至春分，又及中而後益急，急極而寒若，舒極而燠若，及中而雨暘之氣交，自然之數也。

《隋书·天文志》載：後魏末清河張子信，学艺博通，尤精麻數。避葛荣乱，隐於海島，以渾儀測候日月五星，以祘步日，发見日行有入氣差。即太陽一年二十四節氣中运行速度不等。但初測，尚未精確。刘焯作皇極麻，始将日行盈缩，載入麻中。名曰：盈缩躔衰術。他把周天分为四象，用以记述日行升降。李淳风麟德麻继承皇極麻法，更名躔差。日行在赤道北或南，皆漸積变化。所謂："凡陰陽往來，皆馴積而変。"冬至時日行最急，夏至時日行最舒。所谓："舒急"：就是太陽运行過於每日的平行度为急，不及平行度为舒。"及中"即合於每日平行度。日行由冬至急極漸損，至春分而平行，所谓"及中"。平行後又漸遲，至夏至時後最舒。舒極漸速，至秋分而再及中。及中而後漸急，以至冬至，周而復始。急極而寒若，舒極而燠若，及中而雨暘之氣交。這自然現象，用數字說明，也即自然之數。"寒若""燠若"，詞出尚书洪範，即天氣寒，天氣热的意思。"雨暘"，猶说陰晴或陰陽。

焯術於春分前一日最急，後一日最舒。秋分前一日最舒，後一日最急。舒急同于二至，而中间一日平行，其說非是。當以二十四氣晷景，考日躔盈縮，而密於加時。

今将刘焯《皇極曆》中節恒氣日數及躔衰表節述如次。中節的恒氣日數為：

$$\frac{\frac{\text{歲数}}{\text{日氣法}}}{24\text{氣}}=\frac{\frac{17036466.5}{46644}}{24}=15\frac{10192\frac{37}{48}}{46644}$$

躔衰表節録如下：

冬至十一月中	增二十八	夏至五月中	增二十八
小寒十二月節	〃二十四	小暑六月節	〃二十四
大寒十二月中	〃二十	大暑六月中	〃二十
立春正月節	〃二十	立秋七月節	〃二十
雨水正月中	〃二十四	處暑七月中	〃二十四

驚蟄	二月節	增二十八	白露	八月節	增二十八
春分	二月中	損二十八	秋分	八月中	損二十八
清明	三月節	〃二十四	寒露	九月節	〃二十四
谷雨	三月中	損二十	霜降	九月中	〃二十
立夏	四月節	〃二十	立冬	十月節	〃二十
小滿	四月中	〃二十四	小雪	十月中	〃二十四
芒種	五月節	〃二十八	大雪	十一月節	〃二十八

上表增損數，以52为分母除之，即为太陽在某氣内日行增加或減少的度數。

例如：冬至氣内太陽平行度为：

$$15\frac{10192\frac{32}{48}}{46644}-\frac{28}{52}=15\frac{10192\frac{32}{48}}{46644}-\frac{28\times 897}{52\times 897}$$

$$=14\frac{31720\frac{32}{48}}{46644}$$

，即为太陽在冬至定氣日數，即太陽在該日數内，多行 $\frac{28}{52}$ 度。同理，太陽在夏至定氣日數，少行 $\frac{28}{52}$ 度。

驚蟄氣内增二十八，春分氣内損二十八。一增一減，表示春分前一日最急，後一日最舒。同理，得秋分前一日最舒，後一日最急。所增損數，冬夏至均为二十八。中間有一日增損數为零，得平行。此说非是。应当从二十四氣晷影長短实測入手，求出各氣小餘，遂依使加时精密。

其九，九道议曰：《洪範傳》云：日有中道，月有九行，中道谓黄道也。九行者青道二出黄道東，朱道二出黄道南。白道二出黄道西，黑道二出黄道北。立春春分，月東從青道，立夏夏至，月南從朱道。立秋秋分，月西從白道。立冬冬至，月北從黑道。

解釋見《大衍麻術》步月離術。

漢史官舊事，九道術廢久。刘洪頗采以著遲疾陰陽麻。然本以消息為奇，而術不傳。

查考漢時太史官署旧時掌故，九道術廢已久。刘洪採之，為遲疾、陰陽二麻，以入乾象麻。但只约略的谈些月行消長，其術文不传。"消息"，消作減解，息作加解。

推陰陽麻交在冬至夏至，則月行青道白道，所交則同，而出入之行異。故青道至春分之宿，及其所衝，皆在黄道正東。白道至秋分之宿，及其所衝，皆在黄道正西。若陰陽麻交在立春立秋，則月循朱道黑道，所交則同，而出入之行異。故朱道至立夏之宿，及其所衝，皆在黄道西南。黑道至立冬之宿，及其所衝，皆在黄道東北。若陰陽麻交在春分秋分之宿，則月行朱道黑道，所所交则同，而出入之行異，故朱道至夏至之宿，及其所衡，皆在黄道正南，黑道至冬至之宿，及其所衡，皆在黄道正北，若陰陽麻交在立夏立冬，則月循青道白道，所交則同，而出入之行異，故青道至立春之宿，及其所衡，皆在黄道東南，白道至立秋之宿，及其所衡，皆在黄道西北，其大紀皆兼二道，而実分主八節，合于四正四維，按陰陽麻中終之所交，則月行正當黄道，去交七日，其行九十一度，齊於一象之率，而得八行之中。八行与中道而九，是謂九道。

解釋亦見《大麻麻術》。

凡八行正於春秋，其去黄道六度，則交在冬夏，正於冬夏，其去黄道六度，則交在春秋。易九六七八，迭為終始之象也。乾坤定位，則八行各當其正，及其寒暑相推，晦朔相易，則在南者，变而居北，在東者，徙而為西，屈伸消息之象也。

刘洪在《乾象麻》中说：月邉交周，从原交点出發，復回原交点。交点逆行一度有奇。因此，月道和黄道相交，各處皆有交的機会。如"八行"的半交處，直当春秋二分，则兩交点正当冬夏二至。反之，半交處直在冬夏二至，則兩交點正当春秋二分。這合乎《易經》上說：乾為老陽，老陽之數九；坤為老陰，老陰之數六。震、坎、艮為少陽，少陽之數七；巽、離、兑為少陰，少陰之數八。八卦各有方位。八行的正，各隨方位變化。所謂："九六七八，迭為終始之象。""乾坤定位，則八行各當其正。"至於寒暑、晦朔，相推相易。南的交而居北，東的從而為西，合乎《易經》的所謂："屈伸消息之氣。"

黃道之差，始自春分、秋分。赤道所交，前後各五度為限。初黃道增多赤道二十四分之十二。每限損一，極九限數終于四率赤道四十五度，而黃道四十八度，至四立之際，一度少強，依平，復從四起。初限五度，赤道增多黃道二十四分之四。每限益一，極九限而止，終于十二，率赤道四十五度，而黃道四十二度，復得冬夏至之中矣。月道之差，始自交初交中，黃道所交，亦距交前後五度為限。初限月道增多黃道四十八分之十二。每限損一，極九限而止。數終于四率，黃道四十五度，而月道四十六度半，乃一度強，依平。復從四起，初限五度，月道差少黄道四十八分之四。每限益一，極九限而止。終于十二，率黄道四十五度，而月道四十三度半，至陰陽曆二交之半矣。

解釋亦見《大衍曆術》。

凡近交初限，增十二分者，至半交末限，減十二分。去交四十六度，得損益之平率。夫日行与歲差偕還，月行隨交限而變。遲伏相消，朓朒相補，則九道之數可知矣。

《大衍曆術》的《步日躔》及《月離術》有黄赤和黄白道度换算的方法。近交初限，黄白道互相對称。惟分子的加減与正相反。"去交四十六度"，在初限、末限的中间。得損益的平率。日行和歲差有关，月行跟着交限变化。日有盈縮，月有遲疾。所謂："遲伏相消、朓朒相補，"藉以可推九道之數。

其月道所交，与二分同度，則赤道、黑道近交初限，黄道增二十四分之十二，月道增四十八分之十二，至半交之末，其減亦如之，故於九限之際，黄道差三度，月道差一度半，蓋損益之數齊也。若所交与四立同度，則黄道在損益之中，月道差四十八分之十二，月道至損益之中，黄道差二十四分之十二，於九限之際，黃道差三度，月道差四分度之三，皆朓朒相補也。若所交與二至同度，則青道白道近交初限，黃道減二十四分之十二，月道增四十八分之十二，至半交之末，黃道增二十四分之十二，月道減四十八分之十二，於九限之際，黃道與月道差 差字衍文 同，蓋遲伏相消也。日出入赤道二十四度，月出入黃道六度，相距則四分之一，故於九道之變，以四立為中交，在二分增四分之一，而與黃道度相半，在二至減四分之一，而與黃道度正均，故推極其數，引而伸之，每氣移一候。月道所差，增損九分之一，七十二候而九道究矣。

解釋亦見《大衍曆術》中。

凡月交一終，退前所交一度，及餘八萬九千七百七十三分度之四萬二千五百三少半，積二百二十一月，及分七千七百五十三而交道周天矣。因而半之，將九年而九道終。以四象考之，各據合朔所交，入七十二候，則其八道之行也。以朔交為交初，望交為交中，若交初在冬至初候，而入陰厤，則行青道，又十三日七十之分日之四十之至交中，得所衡之宿，變入陽厤，亦行青道。若交初入陽厤，則白道也。故考交初所入，而周天之度可知，若望交在冬至初候，則減十三日四十之分，視大雪初候陰陽厤，而正其行也。

一行認為，月由交点起行，復至原交点時，交点西退一度又 $\frac{42303強}{89773}$。少半即 $\frac{15}{45}$。等於一个交点月。

積 221 朔望月，又 $\frac{7753}{89773}$，约 18 年，交道适为一周天。此數　　折半，得九年而九道终。其理由可以四象推考之。各据合朔所交，入七十二候，则八道之行，以朔交作为交初，望交为交中。设交初在冬至初候，而入陰厤，则月行青道，以月行速度推算，经十三日又 $\frac{46}{76}$，而至交中，得所衡宿次，变入陽厤，亦行青道。若交入陽厤，改青道为白道。若望交在冬至初候，则前推十三日又 $\frac{46}{76}$，视大雪初候所入陰陽厤，而决定月行为某道。

其十晷漏中星略例曰：日行有南北，晷漏有長短，然二十四氣晷差，遲疾不同者，句股使然也。直規中則差遲，與句股數則差急，隨辰（長）極高下，所遇不同。如黃道刻漏，此乃數之淺者，近代且猶未曉。今推黃道去極，與晷景漏刻昏距中星四術，返覆相求，消息同率，旋相為中，以合九服之變。

日行有南北往還，遂生氣候寒暑，从而晝夜晷漏有長短。一歲二十四氣中，晷差，徐疾不同，句股則驟使然。如晷景在測器的圓規中，晷景較短，所差較遲；如晷景較長，和句股數齊，所差較急。長極即北極，亦即赤道極。長極高下，即各地北極出地高下，這和各地晷景相連繫。黃道漏刻，即各地晝夜漏刻，和黃道去極度有关。這是數理方面很淺顯的。但近人有不明白的。今以消息定衰為主，从而以推黃道去極、晷景、漏刻、昏距中星四術。皆有相互关係，故反覆以求，使各地對於四者的变化，悉皆吻合。所謂："消息同率，旋相為中，以合九服之变。"

其十一日蝕議曰：小雅十月之交，朔日辛卯。虞劇以麻推之，在幽王六年。開元麻定交分四萬三千四百二十九入蝕限，加時在晝，交会而蝕，數之常也。

以《小雅》日蝕為例。十月合朔，辛卯，日蝕，

梁虞劆推為幽王六年。開元曆先定交分為43429。所謂：交分，即去交度的通法分，即

$\frac{43429}{3040}=14°\frac{869}{3040}$，和景初曆所述去交度15°，相近。一行称為入蝕限，加時在晝。日月交会，因生蝕象，這是數的常理。

诗云：彼月而食，則維其常。此日而食，云何不臧。日君道也，無朏魄之變。月臣道也，遠日益明，近日益虧。望与日軌相会，則從而浸遠，遠極又從而近，交所以着臣人之象也。望而正於黄道，是謂臣干君明，則陽斯蝕之矣。朔而正於黄道，是謂臣雍君明，則陽為之蝕矣。

"交会而蝕，"這是數的常理，也是自然現象，完全可以科学解釋。但古代曆家受着封建主義的君臣的政治觀的干擾，科学的和封建的纽结在一起，弄的烏煙瘴氣，一時不能澄清，阻碍了科学的发展。

《小雅》说：彼月而食，是陽胜陰，應該視為常事。此日而食，是陰處陽。说明政治不善，人君应受其咎。日為陽精，是君道，没有朏魄的変化。月是陰精，臣道。遠日益明。

望时和日相距最远，却圆而明。晦或朔最近，是影或不生光。朔、望是月和日轨相会。"从而浸远，远极又从而近。"这就是显示臣人之象。如望時，月道与黄道相会，所谓："正于黄道"，這就是："臣干君明"，"陽斯蚀之"。如朔時，月道和黄道相会，这就是："臣壅君明"，"陽为之蚀"。這完全是牵强附会之谈，唯心的，形而上学的，应该揭露批判；在封建社会里，却起了麻痹人民，巩固封建统治的作用。和真理的追求，是水火不相容的。

且十月之交，於曆當蝕。君子猶以為變，詩人悼之。然則古之太平日不蝕，星不孛，蓋有之矣。若過至未分，月或變行而避之，或五星潛在日下，禦侮而救之，或涉交數淺，或在陽曆，陽盛陰微則不蝕，或德之休明，而有小眚焉，則天為之隱，雖交而不蝕，此四者，皆德教之所由生也。

一行却是歇斯底理大發作，放棄科学的真理，大谈封建主義的糟粕，用以美化统治階級。一行認为"十月之交"，於曆當蚀。這有曆史记録和科学的证明。但君子還以为天变，加以哀悼。因为在太古時尚有"日不蝕，星不孛"的太平日子。因為假如：人君有過，還未分明。那麽，月亮或者不循常軌，即變行以避之；或者，五星潛居日下，禦侮以救之；或者"涉交數淺"，或在陽曆相交，陽盛陰微而不蝕；或者，君德休明，微有小過，即小眚，天為之隱，交而不蝕。這四者都是當蝕不蝕。"天垂象，見吉凶。"老天為什么為這樣子？這是由於人君德政所生的。這里，一行突出了封建統治階級的政治，虛偽的出賣了科学，并且肆意的歪曲，為統治階級服务。流毒極大，应該徹底肅清。

四序之中分同道，至相過交而有蝕，則天道之常。如刘歆、賈逵皆近古大儒，豈不知軌道所交，朔望同術哉。以日蝕非常，故闕而不論。黄初已来，治麻者始课日蝕疏密，及張子信而益详。刘焯、張胄玄之徒，自負其術，謂日月皆可以密率求，是專於麻紀者也。以戊寅、麟德麻推春秋日蝕，大最皆入蝕限，於麻應蝕，而春秋不書者尚多，則日蝕必在交限，其入限者不必盡蝕。開元十二年七月戊午朔，於麻當蝕半強，自交趾至于朔方，候之不蝕。十三年十二月庚戌朔，於曆當蝕大半，時東封泰山，還次梁宋間，皇帝徹膳不舉樂，不蓋素服，日亦不蝕。時群臣与八荒君長之來助祭者，降物以需，不可勝數，皆奉壽稱慶，肅然神服，雖算術乖舛，不宜如此。然後知德之動天，不俟終日矣。

一歲分為四序，其道皆同。至於日月相互行過交点，而生蝕象，也是天道之常。如刘歆、賈逵都是漢代大儒，難道不知道日月在軌道上相交，朔望的蝕理是一樣的。只以當時的習慣勢力，認為日蝕對於人君，是視為一種非常事变；因而，不敢把他所知可以推斷的科学規律說出，只好缺而不論。直至魏黄初以後，曆家才開始課校日蝕疏密。至張子信發現日行盈縮，對於日蝕計算，益加详备。刘焯、張胄玄之流，繼承張子信学说，加以發展，認為日月之蝕都可以密率求，更有自信。這是專从曆紀角度考慮的。今以戊寅、麟德兩曆去推春秋日蝕記录，大都入於蝕限。但此外還有从曆術推算，应有日蝕，春秋上却沒有記錄的，尚多。怎麼说来，可見：日蝕必在交限，而入限者，不必盡蝕。(日蝕猶有地域关係，有見有不見。一行則以当蝕不蝕，乃君德所致，此其蔽也。) 例如：開元十二年七月戊午朔，於曆當蝕，蝕分為半强。然自交趾，至于朔方，候之不蝕。又如：十三年十二月庚戌朔，於曆當蝕大半。那時朝廷舉行東封泰山，祀典，還次梁宋间，皇帝因有日蝕，修省，徹去盛饍，不奏樂章，不蓋素服，日因不蝕。当時隨駕助祭的群臣，以及八荒君長，都降服以待，祈禳日蝕，很多。後因不蝕，都上寿稱贺，肅然神服。這决不是算術乖舛，却是君德動天。它的效果"不俟终日"。

一行不滿意張子信及刘焯、張胄玄之徒，認為日月之蝕，皆可以密率求，這是專於曆紀，不懂得治曆实为封建统治阶级服务。"日不蝕，是不害"，乃人君德政所致。而唐代開元十二年，七月戊午朔；十三年十二月庚戌朔，兩次日蝕，皆应蝕不蝕，所以群臣及八荒君长都奉寿称慶，"聖德動天"，這是一行的極大錯误，应该揭發和批判的。

若因開元二蝕，曲變交限而從之，則差者益多。自開元治曆，史官每歲較節氣中晷，因檢加時小餘，雖大數有常，然亦與時推移，每歲不等。晷度而長，則日行黃道南；晷度而短，則日行黃道北。行而南則陰曆之交也，或失；行而北，則陽曆之交也，或失。日在黃道之中，且猶有變，況月行九道乎。杜預云，日月動物，雖行度有大量，不能不小有盈縮，故有雖交會而不蝕者，或有頻交而蝕者是也。故較曆必稽古史，虧蝕深淺加時朓朒陰陽。其數相叶者，反覆相求，由曆數之中，以合辰象之變；觀辰象之變，反求曆數之中，類其所同，而中可知矣。辨其所異，而變可知矣。其循度則合于曆，失行則合于占。占道順成，常執中以追變；曆道逆數，常執中以俟變，知此之說者，天道如視諸掌。

假使因為前說開元兩次日蝕不驗，就把交限變通遷就，那麼總結起來，誤差更多。自開元曆以來，史官每歲較各節氣中午晷景，檢定加時小餘。雖大數有常，其間細微變化，晷景每歲隨時推移，并不相等。晷度而长，则日行近降交点，而退至黄道南；晷度而短，则日行逆昇交点，而迳至黄道北。行而南是属於陰厤的交点失行；行而北，是属於陽厤的交点失行。這僅就日行在黄道中，猶有变化。况月行在複杂的九道中。晋杜預作《春秋長厤》，曾说：日月可以看作一種動物，它的大量行度，似有一定；但其间不能不小有盈缩。所以，有交会而不生蚀象；也有屡次相交，始生蚀象的。所以檢驗厤法必須稽查古史记錄的虧蚀深浅，加時朓朒陰陽。若較厤時，和纪録之数符合，那么可以用以研究交会所起現象，所谓："辰象"的变化；反之，用以探索厤數何以符合。所谓："反覆相求。"這样就会産生同異。目的是和厤數符合的，異的细加辨别，可以視为日月行度小有盈缩所起的变化。前者称为循度，後者称为失行。循度是合于厤數；失行是符合星占。假如天变和人事相应，所谓："占道顺成"，当执"厤數之中"，以追"辰象之变"；假如虧蚀深浅等數，和厤法不相叶，所谓："厤道逆數"，当执"厤數之中"，以俟"辰象之变"。厤家能明白這一学说，對於天道就很把握了。

略例曰：舊曆考日蝕淺深，皆自張子信所傳，云積候所得，而未曉其然也。以圜儀度日月之徑，乃以月徑之半，減入交初限一度半，餘為闇虛半徑，以月去黃道每度差數，令二徑相掩，以驗蝕分，以所入日遲疾乘徑，為泛所用刻數，大率去交不及三度，即月行沒在闇虛，皆入既限。又半日月之徑，減春分入交初限相去度數，餘為斜射所差，乃考差數，以立既限，而優游進退於二度中間，亦令二徑相掩，以知日蝕分數，月徑踰既限之南，則雖在陰曆，而所虧類同外道，斜望使然也。既限之外，應向外蝕，外道交分，準用此例，以較古今日蝕四十三事，月蝕九十九事，課皆第一。

略例说：舊曆考日蝕淺深，自从張子信發見日行盈缩後所傳。他说是根据測候積累所得，却不理解它的所以然。今以圜儀实測日月之徑，考政九執曆中日月蝕推算原理，成此略例。

九執曆推算月食，先推"阿修"。所谓："阿修"，即黄白道昇交点的求法。黄徑計算，以春分点為起算点。昇交点的逆行周期為6794日。麻元時昇交点的黄經為174°40′。（九执麻周天分360°，一度60′。）由麻元时黄經值，及逆行周期6794日兩已知条件，藉以推算任何望时的昇交点黄經Ω，次由"均分章"，即定朔望时日月所在的黄經度，推得日食望时月的黄經λ；得λ－Ω為望时月的去交度數，即九执麻称為"间量符"。

九执麻有所谓："推月间量命"，即将一象限90°，等分為24段，每段得3°45′的正弦函数。這是唐时，外国輸入的最早的三角函数的初步知识；可惜未獲得国人应有的注意和重视。九执麻用正弦函数计算，開元麻用三次差的級數。陳玄景等因此批评一行採用九执麻未尽，十分正確，當时却反受讥諷。一行在这问题上实犯了很大錯误，必需指出和批判。

今将"月间量命"3438′Sin（λ－Ω）表摘録於下。此數式样的表，在印度天文学书中如阿利耶勃阿妣耶Aryabhatiya

及师好耶 Surya 五，皆有之。

角度	段法	差
3° 45′ 7° 30′ 11° 15′	225′ 449′ 671′	224′ 222′
82° 30′ 86° 15′ 90° 0	3409′ 3431′ 3438′	22′ 7′

月间量命 3438′Sin(λ−Ω)，为表中相邻二项的中间值，用一次差比例法求出。求得出，然後再求"月间景"，即月的黄纬 3438′Sin B，

$$月间量 = \frac{4 \times 月间量命}{\frac{40391}{月之日实行}} \qquad 或$$

$$\sin B = \frac{4 \times \sin A - \Omega}{\frac{47341}{\Delta\lambda}} \qquad \cdots\cdots \quad (1)$$

(1)式成立原理，九执麻未明言，印度天文学书勃阿痕斯耶 Panchya 黄纬計出法，乃是根据次式：

$$\sin B = \sin(\lambda - \Omega)\sin I \cdots\cdots(2)$$

标的。这和现在的球面三角法公式，完全一致。I为黄白道的交角。

印度天文学以假说为出发点，地球和月的距离，跟着黄白道交角I，而生变化。月的最大黄纬，在离黄白道交点90°处。设月地距离为r，黄纬(即交角)为I。這r及I，随时互相变化。今命其平均为r_0及I_0，其比例为：

$$\frac{r_0}{r} = \frac{\sin I_0}{\sin I}$$

即 $\sin I = \dfrac{r_0 \sin I_0}{r}$ 代入(2)式

$$\sin B = \sin(\lambda - \Omega)\frac{r_0}{r}\sin I_0。\cdots\cdots(3)$$

於(3)式中，復须导入印度天文学中一独特的假定，即日月五星的直线运动。在同一时间，皆達同一的距離。依此假定，即由观测者所得各星的运动与地球距離的比例。就是说r_0、r两量，对於月的平均运动(七九〇分)和月蚀时的月之日实行($\Delta\lambda$)成反比例。将這关係，代入(3)式，得：

$$\sin B = \frac{\sin(\lambda - \Omega)}{\left(\dfrac{40341}{\Delta\lambda}\right)} \times \frac{40341\sin I_0}{790} \cdots\cdots(4)$$

在印度天文学中，I之值，几乎同为二七〇分。今以二七〇分，代入(4)式I。之值，即得(1)式。

其次所谓："推月量法"，即求月的视直径的方法。月的视直径，和月地距离成反比；因此，月地距又和月的日实行成反比。故命平均距离时月的视直径为d_0，即得次式：

$$d=d_0\times\frac{\text{月的日实行}}{790}\quad\cdots\cdots\cdots(5)$$

(5)式之d，为月食时之视直径，用角度之分表之。《九执历》中，$\frac{d_0}{790}$是採用$\frac{2}{49}$，从而$d_0=790\frac{2}{49}=31'14''.7$，这数值和现在相近。

又有所谓："推阿修量法"，即地影直径的求法。直径的变化和月地距离之相关联。故求月直径时，命之距离时地影直径为D，平均距离之时，其影径为D_0，即：$D=\frac{D_0\times\text{月的日实行}}{790}$，式中之$D$和$D_0$，表示角度的分。

$\frac{D_0}{790}$，九执历所採用的，为$\frac{5}{48}$；从而

$$D_0=\frac{790\times5}{48}=82'17''.5.$$

既得"月间量"和"阿修量"，即可推求月食的状态，即从部分食及既食两者的进

续時间，推求。由月食继续间月的黄纬，用(1)式祘出的量，再和月经地影经相结合，并依麻经规定将一日分割為六十刻，从而求出部分食及既食的半继续时间T刻的公式：

$$T=\frac{\sqrt{\left(\frac{D}{2}\pm\frac{d}{2}\right)^2-R\sin B^2}}{\text{日月的日实行差}60}$$

$$=\frac{60\sqrt{\left(\frac{D}{2}\pm\frac{d}{2}\right)^2-R\sin^2 B}}{\text{日月的实行差}}\cdots\cdots(6)$$

式中R，表示单位弧度的分子3438′，根号内±号，部分食为＋号，皆既食用－号。食的中心，採用定望。這是月食计祘的大概情况。

若由"推量法"求得日的視直径，代入(6)中的D，即得日食计祘的继续時间。日食计祘，先推"推符章"，即推去交度數。術文中有置"均分"，以"阿修"减之，得殺首，即由定朔時日月所在的黄经度，减去黄白道昇交点的黄经，减訖，得白羊宫之首，即春分点。日蝕北行而起於陽麻。尚有月的視差影响，及於黄经、黄纬，九执麻则以合朔時為食甚時，僅言及於黄纬的視差，称為南北差。這是九执麻关於日月蝕计祘的大概。

一行所说：用圆儀的实験方法，来量度日的視徑，這和九执麻的"推日量法"相对应。又说：乃以月視半径，减入交初限一度半，餘为闇虛半径；這和九执麻的"推月间量術"及"推阿修量"相对应。又说：以去交後月的黄纬，即月去黄道每度差数，令影半径和月半径相掩，以験食分。這和九执麻由(1)式以求"月间量"後，復求"部分食"或"皆既食"的術法相对应。又说：以所入月蚀之日由月行遲疾所得月的实行度乘径，为其所用刻数。這和九执麻的"推月量"所用公式 $d\ \frac{d_{0}\times\text{月的日实行}}{79^{\circ}}$，即以月的日实行乘平均視徑，省去其餘部分，即以推求月食的继续時间，互相對待。又说：决定月在皆既食時，大概去交度在三度以内，即月行可没在闇虛，而入既限。至於日食，先取日的視半径，以减春分点入交初限，即《九道議》所说："其月道所交与二分同度"的实例。這和九执麻論日蝕"推间量術章"中"置均分以阿修减之，减讫，影首为北行……"相对应。又说：春分入交初限相去度数，即春分点後的去交度数。

九执曆有南北差的複杂计算，故其相去度數外，猶有包含在南北差中的斜射所差。更由差數以定既蝕限，其限可進退於二度中间。在此限度内，可令日月二視徑相掩，以知蝕分深淺。若月視徑跨过皆既限的南面，则生蝕差。(蝕差大衍曆步交会術中有论述。)日蝕雖在陰曆，仍類於陽曆蝕，這是斜望所起的現象。大凡在皆既限之外，都是向外蝕的。在外道的交分，都可用這个例。用上所论，以較古今日蝕四十三事，月蝕九十九事，课皆第一。《略例》中大部分和九执曆，只是算法不同。如黄纬求法，九执曆用正弦函數，開元曆却用三次差的级數吧了。

使日蝕皆不可以常數求，則無以稽曆數之疏密。若皆可常數求，則無以知政教之休咎。今更設考日蝕戒限術，得常則合于數，又日月交会，大小相若，而月在日下，自京师斜射而望之。假中國食既，則南方戴日之下，所虧纔半。月外反觀，則交而不蝕，步九服日晷以定蝕分，晨昏漏刻，与地偕變，則宇宙雖廣，可以一術齊之矣。

假使日蝕現象，都不可以憑藉數学推求，那就無法用以稽查厤數的疏密；假使都可以憑藉數学推求，那就無法用以知曉政教的好壞。此解釋当蝕不蝕和不当蝕而蝕的現象。用這觀点，今於日蝕限外，更設"日蝕或限術"，對於可蝕或不可蝕之间的，都可以常數該du，所谓："得常則合於數"。又日月在交会時，其两視徑，大小相若，而月居日下，直望時則覺二徑相掩。若由京师斜射以望，因日月位置相距甚遠，往往在中國為皆既食，在南方戴日下的地域，才得虧食一半的部分食。且自月外反观，並有交而不蝕的現象。至於推步京师以外九服地方各處日晷，以定蝕分，当然蝕的晨昏漏刻，隨地而变。這样说来，宇宙雖廣，可用一術来统一它了。

其十二，五星議曰：歲星自商周迄春秋之季，率百二十餘年而超一次。战國後，其行寖急，至漢尚微差，及哀平间餘势乃盡，更八十四年而超一次，因以為常，此其与餘星異也。

《左传》《国语》對於歲星所在，有所记述。這些记述，或由於傳说，或由於後世僞托，误差極大。一行信为实际的天象，根据這些材料加以推论，因此所得理论也有不少错误。

一行認為歲星自商周到春秋時代，约一百二十餘年，而超一次。战国以後，它的行度漸急，漢時尚有微差，直到哀帝、平帝间，餘势方尽，成为八十四年而超一次。此後一直循此常率，没有变化。這是歲星和其餘四緯不同的。

姬氏出自靈威仰之精，受木行正氣，歲星主農祥，后稷憑焉。故周人常閲其禨祥，而觀善敗。其始王也，次于鶉火，以達天黿。及其衰也，淫于玄枵，以害鳥帑。其後群雄力争，礼樂隳壞，而從衡攻守之術興，故歲星常贏行於上，而侯王不寧於下，則木緯失行之势，宜極於火運之中，理數然也。

周室姬氏的興起，始於后稷。后稷感靈威仰之精以生，受五行中的木行正氣。農祥即房星。《国语》说：歲星和房星，实相經緯，是后稷灵威所式。周人观察它的祥祟，以定興衰。当其初王天下时，歲星次於鶉火，進至天蠆。（玄枵宿）到它衰的时候，歲星提前至於玄枵，進至鶉尾。（即鳥帑）此後，诸侯力爭，礼壞樂崩，合從連衡攻守之術興。这时歲星亂行於上，侯王擾乱於下。根据五行相生那说，以木生火。木縴失行，以害鳥帑，衹極於火運之中，這在理數是如此的。

開元十二年正月庚午，歲星在進賢東北尺三寸，直軫十二度。於麟德麻在軫十五度。推而上之，至漢河平二年，其十月下旬，歲星在軒轅南耑大星西北尺所，麟德麻在張二度直軒轅大星，上下相距七百五十年，考其行度，猶未甚盈缩，则哀平後不復每歲漸差也。

根据麻史文献，開元十二月正月庚午，歲星在進賢一星的東北尺三寸，相当於軫宿十二度。用麟德麻推标，則在軫宿十五度。逆推而上，至漢成帝河平二年十月下旬，歲星应在軒轅的南端大星西北尺许，用麟德麻推标，則在張宿二度。自開元至河平相距七百五十年，麟德麻所推歲星行度，差不多少。這是由於在漢哀帝平帝後，歲星遲行不復起差行的緣故。

又上百二十年，至孝景中元三年五月，星在東井鉞，麟德麻在參三度。又上六十年，得漢元年十月五星聚于東井，從歲星也。於秦正歲在乙未，夏正當在甲午，麟德麻白露八日，歲星留觜觿一度。明年立夏伏于參，由差行未盡，而以常數求之使然也。又上二百七十一年，至哀公十七年，歲在鶉火，麟德麻初見在輿鬼二度，立冬九日，留星三度。明年啟蟄十日，退至柳五度，猶不及鶉火。又上百七十八年，至僖公五年，歲星當在大火，麟德麻初見在張八度。明年伏于翼十六度，定在鶉火，差三次矣。哀公以後，差行漸遲，相去猶近。哀公以前，率常行遲，而舊麻猶用急率，不知合變，故所差彌多。武王革命，歲星亦在大火，而麟德麻在東壁三度，則唐虞已上所差周天矣。

又上推百二十年，為漢景帝中元三年五月，歲星应行至東井宿的鉞一星處，用麟德麻推标，在參三度。又上推六十年，至漢高帝元年十月，五星聚于東井。班固認為〻以厤推之，从歲星"。一行篤信之。关於漢元年十月五星聚於東井，原始记載見《史记·天官书》及《漢书·高帝纪》。後魏高允力駁其謬。允说見《南史·祖皓傳》。

詔允与司徒崔浩述成國記……時浩集诸術士，考校漢元以来，日月薄蝕，五星行度，并讥前史之失，别為魏厤，以示允。

允曰：天文厤數，不可空論。夫善言遠者，必先驗於近。且漢元年冬十月五星聚於東井，此乃厤術之浅。今讥漢史而不覺此謬。恐後人讥今，猶今之讥古。

浩曰：所謬云何？

允曰：案《星傳》金水二星常附日而行。冬十月，日在尾箕，昏没於申南，而東井方出於寅北，二星何因背日而行，是史官欲神其事，不復推之於理。

浩曰：欲为变者，何所不可。君独不疑三星之聚，而怪二星之來。

允曰：此不可以空言争，宜更審之。

時坐者咸怪。唯東宫少傅游雅曰：高君長於厤數，當不虚也。後歲餘，浩謂允曰：先所論者，本不注心，及更考究，果如君語，以前三月聚於東井，非十月也。高允認為：根據《星傳》，金水二星，常附日而行，冬十月，日在尾箕，昏沒於申南，而東井方出於寅北，二星何因背日而行！”冬十月五星聚井，是不可能的。

一行信班氏之說：“以曆推之，從歲星”。提出：漢元年：“於秦正歲在乙未，夏正當在甲午”。這是根據《漢志》：“歲在大棣，名曰敦牂，大歲在午”而說的。敦牂是十二歲名中一个，大棣即大梁次，均和“大歲在午”相应。漢元年是乙未歲，用干支紀年法順推之，和殷曆符合。夏正甲午，和顓頊曆一致。刘羲叟作《漢初長曆》，因有漢初用《殷曆》或《顓頊曆》兩存之說。汪日楨作《曆代長曆輯要》推定漢初用殷曆是錯的。以上兩事，用麟德曆推祘：是年白露後八日，歲星在觜觿一度，停留不行。明年立夏，始伏於參宿，白露為八月節，麟德曆所推，和史官注記，相差甚遠。由於未將歲星差行祘入，單純的用常率推求它的緣故。

又逆推271年，為魯哀公17年，歲星应行在鶉火次。用麟德曆推祘，在輿鬼二度伏後初見，至立冬後九日，尚在星宿三度。明年啟蟄後十日，退至柳宿五度。星行還未至鶉火次。又上推178年，為魯僖公五年，歲星當在大火次，用麟德麻推算，歲星在張宿八度，伏後初見。僖公六年，伏於翼十六度處。和大火相較，已差四次。這是因為哀公以後，歲星差行漸遲，哀公以前，星行本用遲率，舊麻卻用急率，不知差行合數，應起變化，所以所差漸覺其多。武王革命，歲星亦在大火。用麟德麻推算，尚在星宿三度，和大火相較，差八次許。由此計算，上推唐虞，所差應在周天以上了。

太初三統麻歲星十二周天超一次，推商周間事，大抵皆合。驗開元注記，差九十餘度，蓋不知歲星後率故也。皇極、麟德麻七周天超一次，以推漢魏間事，尚未差，上驗春秋所載，亦差九十餘度，蓋不知歲星前率故也。天保天和麻得二率之中，故上合於春秋，下猶密於記注，以推永平黃初間事，遠者或差三十餘度，蓋不知戰國後歲星變行故也。自漢元始四年，距開元十二年，凡十二甲子，上距隱公六年，亦十二甲子，而二厤相合，於其中或差三次於古，或差二次於今，其兩合於古今者，中間亦乖，欲一術以求之，則不可得也。

太初三統厤，經劉歆整理後，歲星十二周天，超辰一次。用以推祘商周歲星紀事，大抵都合。但以檢驗開元史官的歲星注記，則差九十餘度。這是因為不知歲星後率正在差行時期的緣故。皇極、麟德兩厤，改用七周天，即八十四年超辰一次，用以推祘漢魏間歲星紀事，尚未覺差。但用以上驗春秋所載，亦差九十餘度。這是不知歲星前率的緣故。天保天和厤折中兩率，故能上合於春秋，下猶密於記注；但用以推漢明帝永平、魏文帝黃初間事，遠者或差三十餘度。這是由於戰國後歲行入差，造厤的沒有注意歲星發生变行的緣故。自漢平帝元始四年，下推開元十二年，和上推魯隱公元年，都是720年，即十二甲子。前者歲星行度遵循後率，後者歲星正在变行時期。兩厤折衷前後二率，是相合於其中，則以厤課較記注，既差三次於古，亦差三次於今。其中有兩合於古今的，但其中间亦乖。因此想把它统一於一个麻術，還没有找到。

開元麻歲星前率，三百九十八日，餘二千二百一十九，秒九十三。自哀公二十年丙寅後，每加度餘一分，盡四百三十九合，次合乃加秒十三而止，凡三百九十八日，餘二千六百五十九秒六，而与日合，是為歲星後率。自此因以為常，入漢元始六年也。歲星差合術曰：置哀公二十年冬至合餘，加入差已來中積分，以前率约之，為入差合數。不尽者如麻術入之。反求冬至後合日，乃副列入差合數，增下位一算，乘而半之，盈大衍通法為日，不尽為日餘，以加合日，即差合所在也。求歲星差行径術，以後終率约上元以來中積分，亦得所求。若稽其实行，當從元始之年，置差步之，則前後相距，间不容髮，而上元之首，無忽微空積矣。

開元麻規定歲星行度前率，为$398\frac{2219.93}{3040}$，把它通分纳子，得歲終前率1212139.93。自哀公20年丙寅歲後第一合為1212140.93。以後每一合加度餘一分，尽439合，共加度餘439分。最终一合，加秒13而畢。這样歲星的後終率变为 1212579.6，而与日合。这时適為漢元始六年。此後歲星遂循後率，習以為常。

求歲星差合術的方法：先置哀公二十年冬至以前合餘分比，加入差後中積分 g，即得 $\frac{K+g}{前率}=n+不尽數$。n 为入差合數。復以不尽數減歲星前率，反以求冬至後合日，所謂："不尽者如曆術入之"；更副置入差合數 n 於一旁，又將 $n+1$ 和 n 相乘，而取其半數，令再和合日相加，即得差合所至。根據《本議》所說：自哀公丙寅歲後每一合加度餘一分。今尽 n 合，应由等級數公式：$a=0$，公差 $d=1$，得 $\frac{n(n+1)}{2}$ 為所加度餘的總和。故於中積分内減去：前率 $\times(n+1)+n(n+1)$，其不尽者如曆術入之，以減第 $n+1$ 合的歲終率，得是年冬至後合日。這樣计算，和本議所說一致；惟算出的後合日，和度餘總和 $\frac{n(n+1)}{2}$ 顺序顛倒而已。這數出數，用通法除出為日，餘不尽數，则為日餘。若欲求歲星差行經，可參考大衍曆術中步五星術，以後終率约上元以来中積分,此法簡捷,但有微差。如求精確,当如前法,自元始六年始,依法步之,则毫無謬误,而上元之首可無空積。

成湯伐桀,歲在壬戌。開元麻星与日合于角,次于氐十度,而後退行。其明年湯始建國為元祀,順行与日合于房,所以紀商人之命也。後六百一算,至紂六祀,周文王初禴于畢,十三祀歲在己卯,星在鶉火,武王嗣位,克商之年,進及鶉鬼,而退守東井。明年周始革命,順行与日合于柳,進留于張,考其分野,則分陝之間,与三監封域之際也。

成湯伐桀,歲在壬戌。用開元麻推採,歲星应在角宿,而与日会;再进至氐十度,開始退行。明年湯始建國,為元祀,歲星在房宿,与日会合。這就可見歲星擁護商人的命運。經过六百一年,至紂六祀。是年周文王開始禴祭畢星,至文王十三祀,為己卯歲,歲星在鶉火,武王克商嗣位。歲星继续進及鶉鬼,方始退守東井。明年,周始完成革命,歲星也跟着順行,在柳宿和日会合。再進行至張宿而留。

从分野的角度考查，则在周、召分陕之间，及管叔、蔡叔、霍叔三监的封域地方。這也说明歲星是擁護周室的。

成王三年，歲在丙午，星在大火，唐叔始封，故國语曰：晉之始封，歲在大火。春秋傳僖公五年，歲在大火。晉公子重耳，自蒲奔狄。十六年歲在寿星，適齊過衛，野人与之塊。子犯曰：天賜也。天事必象，歲及鶉火，必有此乎。復于寿星，必獲诸侯。二十三年，歲星在胃昴，秦伯纳晉文公。董因曰：歲在大梁，将集天行。元年实沈之星，晉人是居。君之行也。歲在大火，閼伯之星也。是谓大辰。辰以善成，后稷是相，唐叔以封，且以辰出，而以參入，皆晉祥也。二十七年，歲在鶉火，晉侯伐衛，取五鹿，敗楚師于城濮，始獲诸侯，歲適及寿星，皆与甬元脉合。

成王三年，歲在丙午，歲星行至大火次。成王封弱弟唐叔於晉。《国语》上说："晉之始封，歲在大火。"

《春秋傳》鲁僖公五年，歲星在大火。晉公子重耳自蒲奔狄。十六年时，歲星在寿星次，重耳路过衛国，野人给他一塊土。子犯就说：這是天赐国土，天事必有徵兆，歲星若至鶉火，必有獲土的喜讯。若歲星復寿星，必為诸侯盟主。等到二十三年，歲星在胃昴，即大梁次，秦穆公出兵纳晋文公為晋君。晋大夫董因就说：歲星在大梁時，将膺天命。重耳即位的元年，歲星移至实沈次。晋人当興。重耳出走時，和唐叔始封一样，都逢歲星在大火。傳说大火是高辛氏的兒子閼伯之星，称為大辰。实沈次中参星，属晋国的星，以辰出，曰“以辰出”“以参入”，都是晋国的祥瑞。到僖公二十七年，歲星行抵鶉火，晋侯伐衛五鹿，又敗楚师於城濮，主盟中夏，這時歲星適行至寿星次。奇驗非常，都和開元曆所推符合。

襄公十八年，歲星在陬訾之口，開元曆大寒三日，星与日合在危三度，遂順行至營室八度。其明年鄭子蟜卒，将葬，公孫子羽与裨竈晨会事焉。過伯有氏，其门上生莠。子羽曰：其莠猶在乎。於是歲在降婁，中而曙。裨竈指之曰：猶可以终歲，歲不及此次也。開元曆歲星在奎，奎降婁也。麟德曆在危，危，玄枵也。二十八年，春無冰。梓慎曰：歲在星紀，而淫於玄枵。裨竈曰：歲棄其次，而旅於明年之次，以害鳥帑，周楚惡之。開元厤歲星在南斗十七度，而退守西建間，復順行与日合于牛初，應在星紀，而盈行進及虛宿，故曰：淫留玄枵二年，至三十年開元厤歲星順行至營室十度留，距子蟜之卒一終矣。其年八月，鄭人殺良霄，故曰：及其亡也，歲在陬訾之口，其明年乃降婁。

魯襄公十八年，歲星在陬訾之口。用開元厤推，大寒後三日，在危宿三度處，星与日会合後，順行至室宿八度。明年鄭子蟜卒，鄭卿公孫蠆。公孫子羽和裨竈去会葬，路過伯有氏，見门上生莠。子羽说：莠猶在乎，是歲星在降婁，天明時而中天。裨竈占之曰：失敗尚可以終歲星一周，但不能等到星在降婁。用開元厤推，歲星在奎，奎属降婁。用麟德推，在危。危属玄枵。二十八年，春日無冰。梓慎说：十八年，歲星在陬訾，二十八年应在星紀。今已淫行，至於玄枵，是一種失行。裨竈说：歲星棄星紀，客於玄枵，失次在北，禍衝在南。南为朱鳥，鳥尾曰帑。鶉火鶉尾，是周楚的分野，所以周、楚必受其咎。用開元厤推，歲星应在南斗十七度，退守在西建间，復順行至牛初，而与日会。推祘结果，也在星纪。今盈行進及虚宿，故特指出：淦留玄枵二年。到襄公三十年，用開元厤推，歲星順行至室宿十度，停留不進。距鄭子蟜之卒恰好十二年。等到八月，鄭人殺良霄，故曰：伯有氏亡，適合歲星在陬訾之口。明年，乃至降婁。"乃"下，原文疑脫"及"字。

昭公八年十一月楚滅陳。史趙曰：未也。陳顓頊之族也。歲在鶉火，是以卒滅。今在析木之津，猶將復。由開元厤在箕八度，析木津也。十年春進及婺女初，在玄枵之維首。傳曰：正月有星出于婺女。裨竈曰：今兹歲在顓頊之墟，是歲与日合于危。其明年進及營室，復得豕韋之次，景王問萇弘曰：今兹诸侯何实吉，何实凶。對曰：蔡凶。此蔡侯般殺其君之歲。歲在豕韋，弗過此矣。楚将有之，歲及大梁，蔡復楚凶，至十三年，歲星在昴畢，而楚弒靈王，陳蔡復封，初昭公九年，陳災。裨竈曰：後五年陳将復封。歲五及鶉火，而後陳卒亡。自陳災五年，而歲在大梁，陳復建國。哀公十七年，五及鶉火，而楚滅陳。是年歲星与日合，在張六度。

魯昭公八年十一月，楚滅陳。史趙判斷说：陳是顓頊之族，必須歲星在鶉火這年，方能滅它。今歲在析木之津，還能復國。用開元曆推，歲星在箕八度，就是建析木津。到十年春天，星又進至婺女初度。就是玄枵次的維首。《春秋傳》说："正月有星出於婺女"。裨竈说：今歲星在顓頊之墟，在危宿与日会合。到明年方進至室宿，後至豕韋次。所以，周景王问萇弘说：看這天象，在衆諸侯中，那个吉，那个凶？萇弘答说：蔡凶。這是蔡世子般殺君之歲。蔡國凶过。蔡國受禍不能等到歲星再過豕韋次，楚必有蔡。到歲星至大梁次時，蔡再復國，而楚大凶。果然，過十三年，歲星至大梁次的昴畢，楚弑灵王。陳蔡皆復國，曆之不爽。起初，昭公九年，陳災。裨竈说：後五年陳將復國。歲星五次及於鶉火，陳才真正滅亡。陳災後五年，歲星到大梁次，陳復建國。到魯哀公十七年，恰好歲星五次行到鶉火次，而楚滅陳。是年，歲星在鶉火次的張宿六度處，与日会合。

昭公三十一年夏，吴伐越，始用师於越也。史墨曰：越得歲而吴伐之，必受其凶，是歲星与日合于南斗三度。昔僖公之年，歲陰在卯，星在析木。昭公三十二年，亦歲陰在卯，而星在星紀，故三统厤因以為超次之率，考其实猶百二十餘年。近代諸厤，欲以八十四年齊之，此其所惑也。後三十八年，而越滅吴，星三及斗牛，已入差合二年矣。

昭公三十一年夏，吴伐越。星占家史墨説：這年歲星在星紀，星紀是吴越的分野，吴先用兵伐越，是越得歲，吴必反受其凶。這年歲星在星紀次的南斗三度，与日会合。

春秋時代，干支紀年法尚未通行。当时盛行的為無超辰的歲陰紀年法，和歲星紀年法。兩者相应。歲星所在十二次，和十二支相对应。例如：星紀為丑，玄枵為子，陬訾為亥，……顺序直和歲陰相反。兩者关係，可以实例佐證。例如：僖公六年，歲陰在卯，歲星在析木，即歲星紀年為寅，兩者差一辰。昭公三十二年，歲陰亦在卯，歲星在星紀，即歲星紀年為丑，兩者差二辰。其间相距年數，為一百四十四年。故劉歆三统厤定百四十四年，為超次之率。实際考察，乃百二十餘年，超辰一次。但近代諸曆，却欲以八十四年，超辰一次推之，這是弄錯的。此後經过三十八年，遂当襄公二十二年，越果滅吳，歲星已三次經过星紀次的斗牛宿，参照蓋合術，知入蓋合已二年了。

夫五事感於中，而五行之祥應于下，五緯之变彰于上。若声發而响和，形動而影隨。故王者失典刑之正，則星辰为之乱行，汨彝倫之叙，則天事为之無象。當其乱行無象，又可以曆紀齐乎。故襄公二十八年歲在星紀，淫于玄枵，至三十年八月，始見陬訾之口，超次而前二年守之。

有国者對於五声、五色、五味等嗜好有動于中，就有五行的禨祥相應于下，五緯的变行彰著於上。好像声音相和，形影相隨。故王者失典刑之正，則星辰为之乱行，汨彝倫之叙，則天事为之無象。當其乱行無象，那就無法用曆紀来推求了。明顯的例子！襄公二十八年，歲星应在星紀，却淫守在玄枵二年。到三十年八月，才始見於陬訾之口，超次在玄枵，而前二年守之。

漢元鼎中，太白入于天苑，失行在黄道南三十餘度，间歲武帝北巡守，登单于台，勒兵十八萬騎，及诛大宛，馬大死軍中。晋咸寧四年九月，太白當見不見。占曰：是謂失舍，不有破軍，必有亡國。時將伐吴，明年三月兵出，太白始夕見西方，而吴亡。

说到其它行星。漢武帝元鼎中，太白入於天苑，在黄道南三十餘度，是失行现象。這戲歲，武帝巡狩西北边疆，登单于台，帶兵十八萬騎，誇耀武功。但太白失行，是有应驗的。及诛大宛时，馬大部分在軍中死去。晋武帝咸寧四年九月，太白當見不見，占星家说：是謂失舍，不有破軍，必有亡國。當时武帝有统一天下的野心，明年三月兵出伐吴，太白始夕見西方，而吴亡。

永寧元年正月至闰月，五星经天縱横無常。永興二年四月丙子，太白犯狼星，失行在黄道南四十餘度。永嘉三年正月庚子，熒惑犯紫微，皆天變所未有也。終以二帝蒙塵，天下大乱。

惠帝永寧元年，自正月至闰三月，五星縱横，经天無常。永興二年四月丙子，太白失行在黄道南四十餘度，入犯狼星。懷帝永嘉三年正月庚子，熒惑入犯紫微，占星家認為都是很大天废，不易碰到的。结果是懷、愍二帝被俘，天下大乱。

後魏神瑞二年十二月，熒惑在瓠瓜星中，一夕忽亡，不知所在。崔浩以日辰推之，曰：庚午之夕，辛未之朝，天有陰雲，熒惑之亡，在此二日，庚午未皆主秦，辛為西夷，今姚興據咸陽，是熒惑入秦矣。其後熒惑果出東井，留守盤旋。秦中大旱赤地，昆明水竭，明年姚興死，二子交兵，三年國滅。

魏明帝神瑞二年十二月，熒惑在瓠瓜星中，一夕不知去向，崔浩用干支占候，说道：庚午之夕，辛未之朝，這兩日，自夕至朝，天有陰雲，熒惑必在這時不見。庚、午、未都主秦，辛主西夷，今姚興据咸陽，因而，熒惑当入秦的分野。後来似乎熒惑，星在井宿，留守盤旋。東井是秦的分野，秦中因而大遭旱災，昆明水竭，明年姚興也死，二子交兵，三年國滅。

齊永明九年八月十四日，火星應退在昴三度，先曆在畢二十一日，始逆行北轉，垂及立冬，形色彌盛。魏永平四年八月癸未，熒惑在氐，夕伏西方，亦先期五十餘日，雖時曆疏闊，不宜如此。隋大業九年五月丁丑，熒惑逆行入南斗，色赤如血，大如三斗器，光芒震耀，長七八尺，於斗中句巳而行，亦天變所未有也。後楊玄感反，天下大亂。

齊武帝永明九年，八月十四日，火星應退至昴宿三度，先曆在畢二十一日，而後北向逆行，延至立冬。魏宣武帝永平四年，八月癸未，火星在氐宿，夕伏西方，亦先期見五十餘日。看來當時曆術推算誤差，不宜如此。隋煬帝大業九年五月丁丑，火星逆行入南斗，色赤如血，光芒耀目，大如三斗器，長七八尺，於斗中句巳而行。"句巳"二字，意義不曉。淮南子天文訓：有"中鉤巳"。鉤和句，古通。巳或為蛇形。句巳而行，或謂蛇形屈曲而行。這也是不常有的天變，後來楊玄感果然造反，天下大亂。

故五星留逆伏見之效，表裏盈縮之行，皆係之於時，而象之於政。政小失則小變，事微而象微，事章而象章，已示吉凶之象，則又變行，襲其常度，不然則皇天何以陰騭下民，警悟人主哉。近代示示者昧於象，占者迷於數，覩五星失行，皆謂之曆舛。雖七曜循軌，猶或謂之天災，終以數象相蒙，兩喪其實。故較曆必稽古今注記，入氣均而行度齊，上下相距，反復相求，苟獨異於常，則失行可知矣。凡二星相近，多為之失行，三星以上，失度彌甚。天竺曆以九執之情，皆有所好惡，遇其所好之星，則趣之行疾，捨之行遲。張子信曆辰星應見不見術，晨夕去日前後四十六度內，十八度外，有木火土金一星者見，無則不見。張胄玄曆朔望在交限，有星伏在日下，木土去見十日外，火去見四十日外，金去見二十二日外者，並不加減差，皆精氣相感使然。

从這些事例看來，大凡五星運行"留逆伏見""表裏盈縮"這些現象，都和國家的政教有关。政偶有失，天即有小變。"事微而象微，事章而象章"。昭示吉凶，或常或变。不然，老天何以"陰騭下民，警懼人主"？（這完全是騙人的鬼話！）近代術者，不憭"天垂象"；占者拘泥於

"曆數"，不並到五星失行，認為是曆術疎闊，即使七曜正常運行，或說這是天變。弄到"數""象"兩者混淆，都不合乎事實。因此，造曆者必依據"古今注記"，以驗曆術是否正確。如七政入氣均一，同時行度齊整的，須驗上下相距，并使反覆相求，倘遇獨異於常的，那是真正的失行。大凡二星運行，遇於接近，那是失行。三星以上，尤覺失度。天竺曆認為九執之情，七政及羅侯、計都，皆有好惡，遇其所好之星，趣行甚疾，捨之則遲。張子信有辰星應見不見術。他說：如有木火、土、金四星中一星，晨夕去日前後四十六度內和十八度外，則見；無則不見。張胄玄曆說凡朔望在交食限，日下有星潛伏。那星為木星或土星，并去見時在十日外，或火星去見時在四十日外，或金星去見時在二十二日外者，並不加減入氣差。這是精氣相感的緣故。

夫日月所以著尊卑不易之象，五星所以示政教從時之義，故日月之失行也微而少，五星之失行也著而多。今略考常數，以課疏密。略例曰：其入氣加減，亦自張子信始。後人莫不遵用之，原始要終，多有不叶。今較麟德曆熒惑、太白、見伏行度，過與不及。熒惑凡四十八事，太白二十一事，餘星所差，蓋細不足考。且盈縮之行，宜與四象潛合，而二十四氣，加減不均，更推易數而正之，又各立歲差，以究五精運周二十八舍之變，較史官所記，歲星二十七事，熒惑二十八事，鎮星二十一事，太白二十二事，辰星二十四事，開元曆課皆第一云。

"日為君象，月為臣象"，故其行度，顯示"尊卑不易"；五星运行，隨時和政教有关。因此，日月失行，比較微小；五星失行，就是顯著。今將常數，略加考究。以較时曆疏密。并作略例。略例說道：自張子信發現入氣加減差以来，後代曆家都遵用它。但安行时，損益未得其宜，故推始終，往往有不合的地方。今就麟德曆以較熒惑、太白見、伏的行度，是否有過与不及？计熒惑四十八事，太白二十一事，餘星所差，則微不足道的。但它的盈縮的行度，應和它所經過軌道的四象潛合，二十四氣，加減既不均一，應該推求易數來矯正它。對於五星，也應各置歲差，以推它們在二十八宿運行的變化，用這方法來較各曆和史官所記同異，得歲星二十七事，熒惑二十八事，鎮星二十一事，太白二十二事，辰星二十四事，用開元曆推祘的，都說：可稱第一。

70.11.18.下午.

唐一行大衍厤資料

大衍厤術(一)

八、

大衍麻術

開元大衍麻演紀上元閼逢困敦之歲，距開元十二年甲子，積九千六百九十六萬一千七百四十算。

閼逢、困敦為干支代名，典出《爾雅》。開元麻上元甲子歲距開元十二年的前一年朔旦冬至為：97961740算。

一曰：步中朔術

通法三千四十

策實百一十一萬三百四十三

揲法八萬九千七百七十三

減法九萬一千二百

策實即歲實，揲法即月法。策、揲皆易經所用词彙，一行借以創設新词。

以通法除策實，得：

$$365^{日}\frac{143}{3040}=365^{日}.24441\text{為一歲日數；}$$

以通法除揲法，得：

$$29^{日}\frac{1613}{3040}=29^{日}.53059\text{為一月日數。}$$

故通法即3040為日法。

以30乘通法得減法。"減"原文误作"滅"。

策餘萬五千九百四十三
用差萬七千一百二十四
掛限八萬七千一十八

以一歲二十四个中節，除一歲日數，得 15日$\frac{15943}{3040\times24}$ 为中節平均相距日數。分子 15943 称为策馀。

$$15^{日}\frac{15943}{3040\times24}\times24=360^{日}\frac{15943}{3040}$$

易云：乾坤之策三百六十，故 15943，一行称为策馀。

减法为三十日的通法分，揲法为朔望月日數的通法分，以揲法减减法，等於以朔望月日數减三十日，称为朔虛分，即 1427，一歲十二个朔虛分，得 17124，称为用差。

掛限即闰限，易云："再扐而后掛也"，一行因把闰限改为掛限。

一歲日數，12除之，得

$$30\frac{1328\frac{14}{24}}{3040}$$ 为中氣和次中氣相距的平均日數。分子 $1328\frac{14}{24}$ [illegible]數部份，称为中盈分。加朔虛分 1247，

称为一月的闰余分，与挂限87018相加，等于揲法89773。因此，其月闰余大於或等於挂限87018，其次月当为闰月。

三元之策十五，餘六百六十四秒七

四象之策二十九，餘千六百一十三

中盈分千三百二十八秒十四

朔虚分千四百二十七

象统二十四

以一歲二十四中節，除一歲日數，得：$15\frac{664\frac{7}{24}}{3040}$，为中節相距的平均日數，称为"三元之策"。繁分數的分子，称为余數及秒。

又以通法除揲法，得：$29\frac{1613}{3040}$，取其整數及分子，称为：四象之策，及余數。由朔而上弦，而望，而下弦，而後月朔，各为一象，距离平均合之称为四象。其策，因称四象之策。

中盈分、朔盈分，詳已見前。

二十四，即法數中的秒母，也即一歲的中節數，专名称为"象统"。

以策实乘積算，曰：中積分。盈通法得

一為積日，爻數去之，餘起甲子算外，得天正中氣。凡分為小餘，日為大餘，加三元之策得次氣。凡率相因，加者下有餘秒，皆以類相從，而滿法迭進，用加上位，日盈爻數去之。

求天正中氣，即前一年十一月的冬至，其法如次。

積算，即从上元冬至至年前冬至的積年。中積分＝積算×策实。

$$\frac{中積分}{通法}=積日=整日數+\frac{不尽數}{通法}$$

以爻數去積日，即六十去積日。

所谓“爻數”即六十。因易云：“乾象之爻九，坤象之爻六，震、坎、艮象之爻皆七，巽、離、兑象之爻皆八”；总和为六十。一行故弄玄虚，就以爻數代替甲子六十周期。

上元冬至，从甲子日起算；因此，以六十整日去之，所余不满六十的整日數和剩餘，即为自甲子日至冬至的日數。即術文所谓：“餘起甲子算外，得天正中氣。”即冬至。

例如：宋文帝元嘉13年丙子歲11月26日

公元436年

根據大衍曆術推算　冬至爲

積算　9696万1453

96961453×策實　1110343

$=10766047060837 9$　中積分

$$\frac{10766047060837 9}{\text{通法 } 3040}=35414628489+\frac{1819}{3040}$$

60去之　$=9+\frac{1819}{3040}$

甲子算外，得癸酉冬至，大餘9日，小餘1819。

例如：宋文帝元嘉 13年 丙子歲 11月26日
景長　　公元 436年

根据 大衍曆術 推算 冬至則為

積算　9696万 1453

9696 1453 × 策實 1110343
= 10766 0470 6083 79 中積分

$$\frac{107660470608379}{\text{通法 } 3040} = 35414628459 + \frac{1819}{3040}$$

60 去之　　$= 9 + \frac{1819}{3040}$

甲子算外，得癸酉冬至，大餘 9日，
小餘 1819。

小注"凡率相因"三十字，是说分数加法，把同类分数，互通分母，而後相加。以分子中，满於分母，就加若干上位。满六十去之。原文"日盈之"的"日"字，当为衍文。

以揲法去中積分，不盡日歸餘之掛，以减中積分，為朔積分，如通法為日，去命如前，得天正經朔，加一象之日七，餘千一百六十三少，得上弦。倍之得望，参之得下弦，四之是謂一揲，得後月朔。凡四分一為少，三為太。

揲法為朔望月的通法分，用揲法去中積分，為：

$$\frac{\text{中積分}}{\text{揲法}}=\text{整月數}+\frac{\text{歸餘之掛}}{\text{揲法}}$$

不尽数，即闰余。一行却好立异造词。《左传》有"歸餘於闰"，《易经》有"再扐而後掛也。"一行因称闰余为"归余之掛。"

以"歸餘之掛"减中積分，其减余，即得若干个朔望分，故称为朔積分。

$$\frac{\text{朔積分}}{\text{通法}}=\text{若干日}+\frac{\text{小余}}{\text{通法}}$$

除之，得整日數，即年前十月底的总日數，小餘，即为开始入天正十一月经朔。

综中盈朔虚分，累益歸餘之掛，每其月闰衰。凡歸餘之掛，五萬六千七百六十以上，其歲有闰，因考其闰衰，满掛限以上，其月合置闰，或以進退，皆以定朔無中氣裁焉。

中盈分是一个中氣满三十日以外的盈分，

朔虚分是一个朔望月不足三十日的虚分，

故：　中盈分＋朔虚分＝一个月的歸餘之掛。

倍之，得第二个月的歸餘之掛，累積之，则得若干月的歸餘之掛。"衰"和"差"義同。"每其月闰衰"，就是说：得其每月闰差。

又一个月的歸餘之掛为：

$$\text{中盈分}+\text{朔虚分}=2755\frac{14}{24}$$

$$\text{一年十二月的歸餘之掛}=33067$$

再加56760，已比揲法为多，即比一个朔望月的通法分为多，所以："其歲有闰"。再看定朔的那个月，没有中氣，那就决定是闰月。所谓："或以進退，皆以定朔無中氣裁焉。"

凡常氣小餘，不满通法，如中盈分之半已下者，以象统乘之，内秒分參而伍之，以減策实，不盡如策餘為日，命常氣初日算外，得没日。凡经朔小餘，不滿朔虛分者，以小餘減通法，餘倍叁伍乘之，用減滅法，不盡，如朔虛分為日，命经朔初日算外，得滅日。

《大衍曆議·滅没略例》说："開元曆以中分所盈為没，朔分所虛為滅。"和其他曆家所说"滅、没"含義，微有不同。

求常氣小餘：

如冬至後，加入 n 个"三元之策"，得冬至後第 n 回常氣。即

$$n\left(15\frac{664\frac{7}{24}}{3040}\right)$$

和冬至大小餘，相加，秒滿象统為餘，餘滿通法為日，日滿爻數去之。其不尽數，即為該常氣小餘。即某日开始後，至交該常氣的小餘。這小餘如小於通法，且小於中盈分的半數，称為有没之氣，得：

$$没日=\frac{策实-象统内秒分\times 15\times 小餘}{策餘}$$

没日為中盈分所積的日。若以終歲没分，即策餘除策日，即得前没日和後没日的

相距日数。计标常氣，自合常氣的日为起标点，所谓“命常氣初入標外”，入原文误作日，今改正。

如该小餘，为该常氣以前至该日始时的小餘，以该小餘为盈分所生的没日，应从常氣固有盈分，所谓：从三元之策所生的没日内，减去之。

今由常氣小餘：

$$\frac{K\frac{K'}{24}}{3040} \qquad K\frac{K'}{24} < 664\frac{2}{24}$$

先求常氣以前，至该日日始所生的没日，应从常氣固有盈分 $664\frac{2}{24}$，对于15日的比，等于常氣小餘 $K\frac{K'}{24}$，对于相当x的比。即：

$$\frac{664\frac{2}{24}}{3040} : 15^{日} = \frac{K\frac{K'}{24}}{3040} : x^{日}$$

故 $x = \dfrac{15\times\left(K\frac{K'}{24}\right)}{664\frac{2}{24}}$，但由三元之策所生的没日，为 $\dfrac{15+\dfrac{664\frac{2}{24}}{3040}}{\dfrac{664\frac{2}{24}}{3040}}$，這繁分数，等於

$$\frac{3040\times15+664\frac{7}{24}}{664\frac{7}{24}}$$，以此式减去之，

即得：$$\frac{15\left(3040-K\frac{K'}{24}\right)+664\frac{7}{24}}{664\frac{7}{24}}$$

$$=\frac{360(3040-24K+K')+15943}{15943}$$

＝没日。

算式和术文意义符合。

若令式中的 $K=664$，$K'=7$，则上述比例式，成恒等式；故小余必小于 $664\frac{7}{24}$。（没日是从常气初日起标的。）

术文"内"字，即纳字。"参而伍之"，即 $3\times5=15$。

经朔小余，小于朔虚分，称为有灭之朔，得：

$$灭日=\frac{\{灭法-30(通法-经朔小余)\}}{朔虚分}$$

由朔积分，求天正经朔小余，加若干倍揲法，可得任意月的经朔小余。

"命经朔初日标外"，则该小余是表经朔以前至该日日始的小余。从经朔小

餘，以减通法，是由該小餘所生的虚分，以通法除之，得30日，以朔虚分除减法，为大衍厤固定的减日。故由经朔小餘所生的减日，依常氣小餘之理，应从固定减日减去之，始合所求。从朔虚分对于30日的比，等於经朔小餘所生的虚分，对於相当日x的比，即朔虚分：30＝（通法－小餘）：x，故：

$$x=\frac{(\text{通法}-\text{小餘})30}{\text{朔虚分}}$$

以减固有减日，得術文所说的计算式。

這大衍厤所定的减没日，为後世厤家所宗。惟如宋厤的崇天厤、明天厤等，对於减日的计算，都说："置有减经朔小餘，三十乘之，满朔虚分为日，……即为其朔减日"，似和大衍厤计算不同，实际一致。因减法既等於30×通法，归到减日$=\frac{30\times\text{经朔小餘}}{\text{朔虚分}}$，令小餘＝朔虚分，则减日＝30日，依此定义，所求减日，必须小於30日，術文说：倍參伍乘之，即2×3×5乘之，即以30乘之。

二曰發斂術

《大衍曆議》說："五行用事曰發斂。"可見發斂，专指金木水火土，五行用事而言。

天中之策五，餘二百二十一，秒三十一，秒法七十二。

地中之策六，餘二百六十五，秒八十六，秒法百二十。

貞悔之策三，餘百三十二，秒百三。

辰法七百六十。

刻法三百四。

《曆本議》說："候策曰天中。"天中是七十二候的代名詞。以七十二候，除策实 $\frac{1110343}{\text{通法}}$，得 $5\frac{221\frac{31}{72}}{3040}$

《曆本議》說："卦策曰地中。"《易經》有六十四卦。坎、離、震、兑為四正卦，以坎之陰阳六爻，配自冬至至驚蟄六氣，離爻配自春分至芒種六氣，震爻配自夏至至白露六氣，兑爻配自秋分至大雪之氣。其餘六十卦，除 $\frac{\text{策实}}{\text{通法}}$，得卦分數：

$$6\frac{265\frac{86}{120}}{3040}$$

《麻本议》说："半卦曰贞悔。"即地中之策的折半。即 $3\frac{132\frac{103}{120}}{3040}$

古麻一日分为十二辰，凡小餘化为辰数，

通法：小餘＝12辰：所求辰数

即：$\frac{小餘}{3040}=\frac{所求辰数}{12}$

$所求辰数=\frac{3\times小餘}{760}$

760，称为辰法。全式称为："三其小餘，辰法而一。"

以10除通法得刻法。

各因中節命之，得初候，如天中之策得次候，又加得末候，因中氣命之，得公卦用事，以地中之策累加之，得次卦。若以貞悔之策加候卦，得十有二節之初外卦用事，因四立命之，得春木夏火秋金冬水用事，以貞悔之策減季月中氣，得土王用事。凡相加減而秒母不齊，當令母互乘子乃加減之，母相乘為法。

常氣 月中節 四正卦	初候	次候	末候
	始卦	中卦	終卦
冬至 十一月中 坎初六	蚯蚓結	麋角解	水泉動
	公中孚	辟復	侯屯內
小寒 十二月節 坎九二	鴈北鄉	鵲始巢	野雞始鴝
	侯屯外	大夫謙	卿睽
大寒 十二月中 坎六三	雞始乳	鷙鳥厲疾	水澤腹堅
	公升	辟臨	侯小過內
立春 正月節 坎六四	東風解凍	蟄虫始振	魚上冰
	侯小過外	大夫蒙	卿益
雨水 正月中 坎九五	獺祭魚	鴻鴈來	草木萌動
	公漸	辟泰	侯需內
驚蟄 二月節 坎上六	桃始華	倉庚鳴	鷹化為鳩
	侯需外	大夫隨	卿晉
春分 二月中 震初九	玄鳥至	雷乃發聲	始電
	公解	辟大壯	侯豫內
清明 三月節 震六二	桐始華	田鼠化為鴽	虹始見
	侯豫外	大夫訟	卿蠱
穀雨 三月中 震六三	萍始生	鳴鳩拂其羽	戴勝降于桑
	公革	辟夬	侯旅內
立夏 四月節 震九四	螻蟈鳴	蚯蚓出	王瓜生
	侯旅外	大夫師	卿比

小滿 四月中 震六五	苦菜秀 公小畜	靡草死 辟乾	小暑至 侯大有内
芒種 五月節 震上六	螳螂生 侯大有外	鵙始鳴 大夫家人	反舌無声 卿井
夏至 五月中 離初九	鹿角解 公咸	蜩始鳴 辟姤	半夏生 侯鼎内
小暑 六月節 離六二	温風至 侯鼎外	蟋蟀居壁 大夫豐	鷹乃學習 卿渙
大暑 六月中 離九三	腐草為螢 公履	土潤溽暑 辟遯	大雨時行 侯恒内
立秋 七月節 離九四	涼風至 侯恒外	白露降 大夫節	寒蟬鳴 卿同人
處暑 七月中 離六五	鷹祭鳥 公損	天地始肅 辟否	禾乃登 侯巽内
白露 八月節 離上九	鴻鴈來 侯巽外	玄鳥帰 大夫萃	群鳥養羞 卿大畜
秋分 八月中 兑初九	雷乃收聲 公賁	蟄虫培户 辟觀	水始涸 侯帰妹内
寒露 九月節 兑九二	鴻雁來賓 侯帰妹外	雀入水為蛤 大夫无妄	菊有黄華 卿明夷
霜降 九月中 兑六三	豺乃祭獸 公困	草木黄落 辟剥	蟄虫咸俯 侯艮内

立冬 十月節 兌九四	水始冰 侯艮外	地始凍 大夫既濟	野雞入水為蜃 卿噬嗑
小雪 十月中 兌九五	虹藏不見 公大過	天氣上騰地氣下降 辟坤	閉塞而成冬 侯未濟內
大雪 十一月節 兌上六	鶡鳥不鳴 侯未濟外	虎始交 大夫蹇	荔挺生 卿頤

今把二十四恒氣表各項目，說明如次：

第一橫欄，為一年二十四個常氣，每月得節及中氣各一，以坎、離、震、兌四正卦，二十四爻分配之。《曆本議》說："蓍數之變，九六各一，乾坤之象也。"乾為陽九，坤為阴六。初六、六二、六三、六四、六五、上六為阴爻；初九、九二、九三、九四、九五、上九為阳爻。以四正卦的阴阳，分配二分二至以後的各恒氣。

第二、三、四橫欄，表示應節的物候，所謂七十二候。這些物候記錄，初見於《夏小正》。一行則以為："原於周公《時訓》《月令》。"物候記入曆書，則始于《正光曆》。《皇極曆》也有同樣記載。

《大衍曆》繼承《皇極曆》，把項目略略移動，使和古時符合，遂為後世曆家所宗。法將中節所距日數，分而為三。自中節初日起算為初候；加入中節相距日數的三分之一，所謂之天中之策，得次候；又加一個天中之策，得末候。

今舉冬至為例：

自冬至初日起算曆五日，日餘二百二十一秒三十一，相當於蚯蚓結的物候。再曆五日有餘，為麋角解的物候，再累曆五日有餘，為水泉動的物候。其餘各氣仿此。

又將《易經》上坎、離、震、兑四正卦以外六十卦，分配於各中節。其中屯、小過、需、豫、旅、大有、鼎、恒、巽、歸妹、艮、未濟十二卦，分為內外二卦，使擴充成為七十二卦，每一中氣，或節氣，從而各得始中終三卦。分配法屬於中氣的，則為公，為辟，為候；屬于節氣的，則為侯，為大夫，為卿。

今以中氣冬至為例：

始卦為公中孚，所佔日數，从冬至初日起，曆六日，餘二百六十五，秒八十六，所謂之地中之策。累加之地中之策，得中卦辟復，終卦侯也内卦所值日數，其餘仿此。

後以節氣小寒爲例：

始卦爲侯也外卦，所值日數從小寒初日起，歷三日，日餘百三十二，秒百三，所謂：貞悔之策。再加一个貞悔之策，得中卦大夫謙，再加一个得卿睽，其餘仿此。

推五行用事法：

悔策實 1110343，以分及通法連除之，得木火金水土五行各用事 $73\frac{147\frac{2}{5}}{3040}$，惟土用事，应均分爲4，得 $18\frac{804\frac{3}{10}}{3040}$，各置於木火金水用事日後，木火金水用事的起訖点，爲立春、立夏、立秋、立冬初日，所謂："因四立命之，春木夏火秋金冬水用事。"又二分二至所值月份，在四季之中，所謂季月。例如：春分中氣，和其次中氣相距，爲

$30\frac{1328\frac{70}{120}}{3040}$ 日，减去貞悔之策了 $\frac{132\frac{103}{120}}{3040}$ 日，得 $27\frac{1196\frac{87}{120}}{3040}$ 日爲春分後日數，而立春距春分日數，爲 $45\frac{1992\frac{105}{120}}{5040}$，加入春分後日數，得

$73\frac{149\frac{18}{120}}{3040}$日，為木用事日，以後則土用事日，其餘火金水用事日此。

原術夾行小注，"凡相加減"二十四字，是說明分母不同的分數，須先通分約加減法，術文淺近，不需解釋。

各以通法約其月閏衰為日，得中氣去經朔日算。求卦候者，各以天地之策，累加減之，凡發斂加時，各置其小餘，以六爻乘之，如辰法而一，為半辰之數，不盡者三約為分，分滿刻法為刻，若令滿象積為刻者，即置不盡之數，十之，十九而一為分。命辰起子半算外。

推發斂去經朔日數法，即距朔。

某月和次月中氣的相距日分，稱為月的閏衰。以通法為日法分，以通法約閏衰，即為中氣的距朔日數。

求卦候法，以中氣為起訖點，故於中氣距朔日累加減天地之策，得之。（中氣之前應減，中氣之後應加。）

推發斂加時，以比例入訴：

通法：半日辰數＝小餘：半辰數。

$$半辰数=\frac{半日辰数\times 小餘}{通法}$$

$$半日辰数=\frac{50}{12}刻$$

$$半辰数=\frac{\frac{50}{12}\cdot 小餘}{3040}=若干辰+\frac{5\times 不尽数}{3\times 304}刻$$

$\frac{5\times 不尽数}{3\times 304}$，術文所谓："不尽者五之，三约为分。"原文作"三约为分"，三上脱"五之"二字。

又下復脱："刻法除之，为刻，又不尽者为分。"当依舊唐书曆志订正。以式表之，为：

$$\frac{5}{3}不尽数/304=整刻数+\frac{不尽数/3}{304}$$

即注文所谓："分满刻法为刻。"

若欲令满象積为刻者，则：

$$\frac{\frac{不尽数}{3}}{304}=\frac{x}{480}$$

故 $x=\frac{不尽数\times 10}{19}$ 術文所谓："十之，十九而一为分。"

命辰通例以夜半起标。

三曰：步日躔術

乾實百一十一萬三百七十九太

周天度三百六十五，虛分七百七十九太，

歲差三十六太。

《曆本議》说："日行曰躔。"是说：太陽在天球的軌道上运行，像在天球中腰的躔袋一樣在懸着移動。

以歲差三十六太，加入策实，得乾实。

以通法除乾实，得 $365\frac{779\frac{3}{4}}{3040}$，

其中分子 $779\frac{3}{4}$，称为虛分。

太衍曆从虛宿9°起标，故用虛分。

一行《日度議》说："考古史及日官候簿，以通法之三十六分太，為一歲之差。"一行斟酌古今记录而定歲差。

定氣	盈缩分	先後數	損益率	朓朒積
冬至	盈 2353	先端	益 176	朒初
小寒	盈 1845	先 2353	益 138	朒 176
大寒	盈 1390	先 4198	益 104	朒 314
立春	盈 976	先 5588	益 73	朒 418
雨水	盈 588	先 6564	益 44	朒 491
驚蟄	盈 214	先 7152	益 16	朒 535

春分	缩 214	先 7366	損 16	朒 551
清明	缩 588	先 7152	損 44	朒 535
穀雨	缩 976	先 6564	損 73	朒 491
立夏	缩 1390	先 5588	損 104	朒 418
小满	缩 1845	先 4198	損 138	朒 314
芒種	缩 2353	先 2353	損 176	朒 176
夏至	缩 2353	後 端	益 176	朓 初
小暑	缩 1845	後 2353	益 138	朓 176
大暑	缩 1390	後 4198	益 104	朓 314
立秋	缩 976	後 5588	益 73	朓 418
處暑	缩 588	後 6544	益 44	朓 491
白露	缩 214	後 7152	益 16	朓 535
秋分	盈 ~~588~~ 214	後 7366	損 16	朓 551
寒露	盈 ~~976~~ 588	後 7152	損 44	朓 535
霜降	盈 ~~1390~~ 976	後 6564	損 73	朓 491
立冬	盈 ~~1845~~ 1390	後 5588	損 104	朓 418
小雪	盈 1845	後 4198	損 138	朒* 314 原文误
大雪	盈 2353	後 2353	損 176	朓 176

第一欄，載二十四氣，皆为定氣，定氣所包日數，因太陽在天球上的視位置运行速度不等，各氣不同，而且，每年也

不同。但大衍曆視為每日一定。

第二欄，為盈縮分。即為太陽每氣平行和实行的差。太陽每日平行度，以通法分表之，為3040。如以定氣冬至為例。冬至下的盈分為2353。是自冬至，至小寒前，比日平行总和所多行的通法分。又如春分下的縮分為214，是自春分，至清明前，比日平行总和所少行的通法分。其餘仿此。

第三欄，為先後數。表示冬至或夏至後，至任一氣前，所累積的盈分，或縮分的总和。例如：雨水下先6564，是為冬至、小寒、大寒、立春四个定氣，太陽所行盈分的总和。冬至或夏至下寫"先端"或"後端"，說明在冬至或夏至開始时，並無盈分或縮分的总積。先即盈，後即縮。其餘仿此。

第四欄，為損益率。由盈縮分而生，並和朔、弦、望有关。月的日平行，和日的

日平行之比，等於盈缩分对於損益率之比。《大衍曆》日的日平行為：13.36875

$$\frac{1}{13.36875}=0.075007=\frac{\text{損益率}}{\text{盈缩分}}$$

故以常數 0.075007 乘盈缩分，即得損益率。如：

冬至 0.075007×2353=176.…

小寒 0.075007×1845=138.…

第五欄，為朓朒積，表示自冬至，或冬至至任一氣前損益率的總和。

以盈缩分，盈減缩加，三元之策，為定氣所有日及餘，乃十二乘日，又三其小餘，辰法約而一，從之，為定氣辰數，不尽十之，又约為分。

日行大於日平行，則定氣所有日，少於三元之策；小於日平行，則定氣所有日，大於三元之策。太陽每日平行一度，故恒氣所有日 $15\frac{664\frac{2}{4}}{3040}$ 日，即為日平行 $15\frac{664\frac{2}{4}}{3040}$ 度。冬至盈分2353，即為定氣冬至所有日，比恒氣冬至所有日，少 $\frac{2353}{3040}$ 日，故定氣冬至所有日，為：

定氣冬至所有日：$15\frac{664\frac{7}{24}}{3040}-\frac{2353}{3040}=14\frac{1351\frac{7}{24}}{3040}$日

定氣小寒所有日：$15\frac{664\frac{7}{24}}{3040}-\frac{1845}{3040}=14\frac{1859\frac{7}{24}}{3040}$日

…… …… …… …… ……

定氣夏至所有日　$15\frac{664\frac{7}{24}}{3040}+\frac{2353}{3040}=15\frac{3017\frac{7}{24}}{3040}$日

這就是術文所謂："盈減縮加三元之策，為定氣所有日。"

由日數，化為辰數，先作比例式：

3040：12辰＝定氣日數：定氣辰數。

$$定氣辰數=\frac{12}{3040}\times定氣日數=\frac{3}{760}定氣日數$$

$$=整辰數+\frac{不盡數}{760}$$

$\frac{不盡數}{760}$，以10乘而約之。如仍有不盡數，而分子大於分母的半數，則進為一；如小於分母的半數，則棄去之。得：

冬至氣下的辰數　173辰3分

小寒氣下的辰數　175辰3分

大寒氣下的辰數　177辰1分

…… …… …… …… ……

以所入氣并後氣盈縮分，倍六爻乘之，

综两氣辰数除之為末率，又列二氣盈缩分，皆倍六爻乘之，各如辰數而一，以少減多，餘為氣差，至後以差加末率分後，以差減末率為初率，倍氣差亦倍六爻乘之，復综两氣辰數除為日差，半之以加減初末，各為定率，以日差至後以減分後以加氣初定率，為每日盈缩分，乃驯積之，隨所入氣日加減氣下先後數，各其日定數，其求朓朒放此。冬至後為陽復，在盈加之，在缩減之。夏至後為陰復，在缩加之，在盈減之。距四正前一氣，在陰陽變革之際，不可相并，皆因前末為初率，以氣差至前加之，分前减之為末率，餘依前術。各得所求，其分不满全數，母又每氣不同，当退法除之，以百為母，半已上收成一。

这段術文，说明求每日先後定數的计标方法。

以盈缩分为一次差，即前两先後數的差；两前後盈缩分的差为二次差。所謂"倍六爻"，即每一日的12辰數。

$$\frac{12(\text{前盈缩分}+\text{後盈缩分})}{\text{前辰數}+\text{後辰数}}=\text{末率}$$

$$12\left(\frac{前盈缩分}{前長數}-\frac{後盈缩分}{後長數}\right)=氣差$$

两分數差，常为正。若为負，则前後两分數須倒置，使变为正。为计标方便计，命前盈缩分 $=\Delta_1$，後盈缩分 $=\Delta_2$；

$\dfrac{前長數}{12}=w_1$，$\dfrac{後長數}{12}=w_2$；即得：

$$\frac{(\Delta_1+\Delta_2)}{(w_1+w_2)}=末率，$$

$$\frac{\Delta_1}{w_1}-\frac{\Delta_2}{w_2}=氣差；$$

$$\frac{(\Delta_1+\Delta_2)}{(w_1+w_2)}\pm\left(\frac{\Delta_1}{w_1}-\frac{\Delta_2}{w_2}\right)=初率，$$

$$\frac{2\left(\frac{\Delta_1}{w_1}-\frac{\Delta_2}{w_2}\right)}{(w_1+w_2)}=日差$$

$$\frac{(\Delta_1+\Delta_2)}{(w_1+w_2)}\pm\left(\frac{\Delta_1}{w_1}-\frac{\Delta_2}{w_2}\right)=\frac{\left(\frac{\Delta_1}{w_1}-\frac{\Delta_2}{w_2}\right)}{(w_1+w_2)}=定率$$

定氣第 S 日的盈缩分为：（S不限於整數）

$$\frac{\Delta_1+\Delta_2}{w_1+w_2}\pm\left(\frac{\Delta_1}{w_1}-\frac{\Delta_2}{w_2}\right)\mp\frac{\left(\frac{\Delta_1}{w_1}-\frac{\Delta_2}{w_2}\right)}{w_1+w_2}\mp\frac{2S\left(\frac{\Delta_1}{w_1}-\frac{\Delta_2}{w_2}\right)}{w_1+w_2}$$

$$=\frac{\Delta_1+\Delta_2}{w_1+w_2}\pm\left(\frac{\Delta_1}{w_1}-\frac{\Delta_2}{w_2}\right)\pm\frac{2S+1}{w_1+w_2}\left(\frac{\Delta_1}{w_1}-\frac{\Delta_2}{w_2}\right)$$

…… …… A

這里須注意的，所求定氣，後至其日的先後數。若其定氣為二至，或二分时，从而

$\left|\frac{\Delta_1}{W_1}\right| >$ 或 $< \left|\frac{\Delta_2}{W_2}\right|$，从而 (A) 式或加或减。

若表中定氣，先數為負，後數為正，即合於盈為减，縮為加；则 (A) 式变為：

$$\frac{\Delta_1+\Delta_2}{W_1+W_2}+\left(\frac{\Delta_1}{W_1}-\frac{\Delta_2}{W_2}\right)-\frac{2S+1}{W_1+W_2}\left(\frac{\Delta_1}{W_1}-\frac{\Delta_2}{W_2}\right) \cdots\cdots(B)$$

由恒等式：

$$\frac{\Delta_1+\Delta_2}{W_1+W_2}+\left(\frac{\Delta_1}{W_1}-\frac{\Delta_2}{W_2}\right) \equiv \frac{\Delta_1}{W_1}+\frac{\quad}{W_1+W_2}\left(\frac{\Delta_1}{W_1}-\frac{\Delta_2}{W_2}\right)$$

(B) 式，成為術文重要的公式，其故安在？

今將現代 Gaus 的二次差內插法公式，記載於下。（參考：嚴敦傑《中算家內插法》見數學通報。）

$$f(x)=f(a)+(x-a)\frac{\Delta_1}{W_1}+(x-a)(x-b)\frac{W_1\Delta_2-W_2\Delta_1}{W_1W_2(W_1+W_2)}$$

上式中，令 $x=a+S$，则得：

$$f(a+S)=f(a)+S\frac{\Delta_1}{W_1}+\frac{S(W_1-S)}{W_1+W_2}\left(\frac{\Delta_1}{W_1}-\frac{\Delta_2}{W_2}\right)$$

$$=f(a)+S\frac{\Delta_1}{W_1}+\frac{SW}{W_1+W_2}\left(\frac{\Delta_1}{W_1}-\frac{\Delta_2}{W_2}\right)-\frac{S^2}{W_1+W_2}\left(\frac{\Delta_1}{W_1}-\frac{\Delta_2}{W_2}\right) \cdots\cdots(1)$$

(1) 式中的 $W_1=b-a$。先後數表，以 $f(x)$

为两定氣先後數的差，表以Δ；两定氣相距日數，表以W，而用Gauss二次差的内插法公式计算，则 $f(a)$ 即某定氣下的先後數；$f(a+S)$ 即距其定氣S日的先後數；（S不限定是整數）$f(a+\overline{S+1})$为

$$f(a)+(S+1)\frac{\Delta_1}{W_1}+\frac{(S+1)W_1}{W_1+W_2}\left(\frac{\Delta_1}{W_1}-\frac{\Delta_2}{W_2}\right)-\frac{(S+1)^2}{W_1+W_2}\left(\frac{\Delta_1}{W_1}-\frac{\Delta_2}{W_2}\right)$$

所以每日盈缩分，为：

$$f(a+\overline{S+1})-f(a+S)=\frac{\Delta_1}{W_1}+\frac{W_1}{W_1+W_2}\left(\frac{\Delta_1}{W_1}-\frac{\Delta_2}{W_2}\right)-\frac{2S+1}{W_1+W_2}\left(\frac{\Delta_1}{W_1}-\frac{\Delta_2}{W_2}\right)$$

从上式观之，可见一行所立的公式，完全和现代Gauss的公式相同。

至于求朓朒積和求先後數方法相同。

註文所説：冬至一陽生，日晷漸长，称为陽復。夏至一陰生，日晷漸短，称为阴復。故在盈在缩的加减符號，冬夏後正相反。其距四正前一氣，则以四正為後氣。在二分则盈缩和損益皆相異。在二至则

则先後和朓朒均相异，故原注说："不可相并。""因前末为初率"，是说：用本氣盈缩分，和前氣盈缩分相和，除以两氣辰數，为前氣末率，也即本氣初率。更以氣差加减之（至前加分前减）为末率。其餘求法，皆同前術。在计标中，含有分數，相加後不滿全數，而其分母也每氣各不相同，则用退法除之。就是将各分數分别除出，小數点以下的數，以100为分母，如分子在分母半數以上，则收成一。

冬至夏至，皆得天地之中，無有盈缩，餘各以氣下先後數，先减後加常氣小餘，滿若不足，進退其日，得定大小餘，凡推日月度及及軌漏交蝕依定氣，注曆依常氣。以减径朔弦望，各其所入日算，若大餘不足减，加爻數乃减之，减所入定氣日算一，各以日差乘而半之，前少以加，前多以减氣初定率，以乘其所入定氣日算及餘秒。凡除者先以母通全内子乃相乘，母相乘除之。

所得以損益朓朒積，各其入朓朒定數。若非朔望有交者，以十二乘所入日算，三其小餘，辰法除而从之，以乘損益率，如定氣辰數而一，所得以損益朓朒積，各為定數。

冬夏二至，在春秋二分的中间，一行認為日行没有盈缩。若在冬至、夏至以外的日子，应将各氣下的先後數，視为日的小餘，以先减後，加恒氣小餘。加满通法3040，须進一日。如减數大於被减數，则将大於的化為通數後减之，须退一日。除计算氣日大氣，应从甲子起算外，各得定氣大小餘。

注中所说，浅顯，不须說明。

用所入定氣大小餘，以减鄰近的經朔望大小餘，即得經朔望所入定氣日算。若大餘被减數，小於减數，须退一个甲子周，即所谓："若大餘不足减，加紀數乃减之。"

求朔望弦經日入朓朒法：

命所入定氣日算为S，表以算式，得：

$$S\times\frac{\Delta_1+\Delta_2}{W_1+W_2}+S\times\left(\frac{\Delta_1}{W_1}-\frac{\Delta_2}{W_2}\right)-\frac{S}{W_1+W_2}\left(\frac{\Delta_1}{W_1}-\frac{\Delta_2}{W_2}\right)-\frac{S(S-1)}{W_1+W_2}\left(\frac{\Delta_1}{W_1}-\frac{\Delta_2}{W_2}\right)$$

$$=S\frac{\Delta_1+\Delta_2}{W_1+W_2}+S\left(\frac{\Delta_1}{W_1}-\frac{\Delta_2}{W_2}\right)-\frac{S}{W_1+W_2}\left(\frac{\Delta_1}{W_1}-\frac{\Delta_2}{W_2}\right)$$

$$=S\frac{\Delta_1}{W_1}+\frac{SW_1}{W_1+W_2}\left(\frac{\Delta_1}{W_1}-\frac{\Delta_2}{W_2}\right)-\frac{S^2}{W_1+W_2}\left(\frac{\Delta_1}{W_1}-\frac{\Delta_2}{W_2}\right)$$

若用Gaus公式计算，經过其定氣後S日的先後數，应为：

$$f(a+S)=f(a)+S\frac{\Delta_1}{W_1}+\frac{SW_1}{W_1+W_2}\left(\frac{\Delta_1}{W_1}-\frac{\Delta_2}{W_2}\right)-\frac{S^2}{W_1+W_2}\left(\frac{\Delta_1}{W_1}-\frac{\Delta_2}{W_2}\right)$$

$f(a)$为其定氣下的先後數，含S诸项为經过S日的盈缩分累積。術文所谓："所得以損益朓朒積，各(得)其入朓朒定數。"两者完全符合。原文各下脱得字，今補。

原注："凡除者先以母通全内子"二十八字，即说明通分後相除的算法。

原注："若非朔望有交者"一段，是说：若無交会的朔望，用簡易方法计算。

先把所入日餘，化为辰數x，用比例式：

3040：所入日餘＝12：x

$x=\frac{3}{760}\times$所入日餘　　次再用比例式：

定氣辰數：損益率＝$\frac{3}{760}\times$所入日餘：所得

所得＝$\frac{\text{損益率}}{\text{定气辰數}}\times\frac{\text{所入日餘}}{760}$

以之損益脁朒積，即得各定數。

南斗二十六，牛八，婺女十二，虛十 虛分七百七十九太，危十七，營室十六，東壁九。

奎十六，婁十二，胃十四，昴十一，畢十七，觜觿一，參十。東井三十三，輿鬼三，柳十五，七星七，張十八，翼十八，軫十七。

角十二，亢九，氐十五，房五，心五，尾十八，箕十一。

為赤道度。其畢、觜觿、參、輿鬼四宿，度數與古不同。依天以儀測定，用為常數。紘帶天中，儀極攸憑，以格黃道。

二十八宿的距度，乃漢落下閎所測定，自四分曆以還，都承襲沿用。一行作大衍曆時，率府兵曹參軍梁令瓚造黃道游儀，施之實測，由於一行重測二十八距度，據作變革，即以赤道度換算為黃道度。

推冬至歲差所在，每距冬至前後各五度為限，初數十二，每限減一，盡九限，數終於四，當二立之際，一度少彊依平，乃距春分前秋分後，初限起四，每限增一，盡九限，終於十二，而黃道交復，计春分後秋分前，亦五度為限，初數十二，盡九限數終於四，當二立之際，一度少彊依平，乃距夏至前後初限起四，盡九限，終於十二，皆累裁之，以數乘限度，百二十而一得度，不满者十二除為分，若以十除則大分十二為母，命太半少及彊弱。命曰黄赤道差數，二至前後各九限，以差减赤道度，二分前後各九限，以差加赤道度，各為黄道度。

這是黄赤道宿度相求法，用以推冬至歲差所在。此法详於《大衍曆议·九道议》中。術文说："初數十二，每限减一"，即《九道议》所说："初數二十四分之十二，及每限二十四分之一"等。

今命赤道積度為 a，黄道積度為 l，黄赤道交角為 ε，取 $\varepsilon=24^{\circ}$。復命黄赤道交點為 I。

$\angle PAI =$ 直角

$\angle PBI <$ 直角

$\overset{\frown}{IB} > \overset{\frown}{IA}$　$\overset{\frown}{PB} \perp IB$

$\overset{\frown}{IA} = \overset{\frown}{IB}$ 為一象限

$\overset{\frown}{PB} < \overset{\frown}{PA}$

今以冬至为起算点，距冬至前後各五度为限，在初限得初数二十四分之十二，每限减二十四分之一，尽九限而数终於二十四分之四。当冬至前立春，经过一度少强而後达於平率。平率即指二十四分之四。这时距春分前，或距秋分後的立冬，初限依平率而起於二十四分之四，每限增一，尽九限而终於二十四分之十二，此处则黄赤道復相交。這是含冬至点半圆周黄赤道互补的度数。同理，计春分前或秋分後各五度为限，自初数二十四分之十二，递减至二十四分之一，终於九限，数终二十四分之四，即達立夏立冬时，後經一交九限而至平半，以下則自距夏至前立夏，或夏至後立秋，後依平半二十四分之四起限，終於九限的二十四分之十二，而黃赤道再交。

今命赤道度數為α，黃道度數為l，則得：

右列表解：表中$\Delta(l-\alpha)$乃表$(l-\alpha)$前後兩項的差即前項减後項，$\Delta^2(l-\alpha)$表的$(l-\alpha)$的二次差

α	$l-\alpha$	$\Delta(l-\alpha)$	$\Delta^2(l-\alpha)$	
5	$-12/24$	$-12/24$		初限
10	$-23/24$	$-11/24$	$1/24$	二限
15	$-(1+9/24)$	$-10/24$	$1/24$	三限
20	$-(1+18/24)$	$-9/24$	$1/24$	四限
25	$-(2+2/24)$	$-8/24$	$1/24$	五限
30	$-(2+9/24)$	$-7/24$	$1/24$	六限
35	$-(2+15/24)$	$-6/24$	$1/24$	七限
40	$-(2+20/24)$	$-5/24$	$1/24$	八限
45	-3	$-4/24$	$1/24$	九限

由是表中$l-\alpha$各值，可由等差級的公式表示之，即$-12/24$為首項，$1/24$公差，限數為項數，即限數$=\alpha/5$。得公式：

$$l-\alpha=\frac{\alpha}{5}\left\{-\frac{12}{24}+\frac{(\frac{\alpha}{5}-1)}{2}\times\frac{1}{24}\right\}=\frac{\alpha}{5}\left\{\frac{\alpha-125}{240}\right\}$$

設 $\alpha=15$，即得 $l-\alpha=-1\frac{9}{24}$，为表中 $l-\alpha$ 对於第三限的相应值，這是符合於用冬夏至为起标点，则首项为 $12/24$ 公差为 $\frac{1}{24}$，得公式，为：

$$l-\alpha=\frac{\alpha}{5}\left\{\frac{12}{24}-\frac{(\frac{\alpha}{5}-1)}{2}\times(-\frac{1}{24})\right\}=\frac{\alpha}{5}\left\{\frac{125-\alpha 5}{240}\right\}$$

综合得：

$$l-\alpha=\frac{\alpha}{5}\left\{\frac{\alpha-125}{240}\right\}$$

術文又言限从四立，初數起於二十四分之四，一向冬夏至点，一向春秋分点，可將上表倒看，即以九限作初限，各项目的符号其公式亦可以同法作成。術文"皆累裁之"，即说：積累各限，作成等差级數的各项；"以數乘限度"，即说：以各數乘入限度數 $\frac{\alpha}{5}$，即得 $\frac{\alpha}{5}\left(\frac{\alpha-125}{240}\right)=\frac{\text{整數}+\frac{\text{小分}}{10}}{120}=\text{整度數}+\frac{\text{餘數}+\frac{\text{小分}}{10}}{120}$。$\frac{\text{小分}}{10}$，若分子大於分母的 $\frac{1}{2}$，則進为一；小於分母的 $\frac{1}{2}$，则命为零。所谓、"不满者"，即 $\frac{\text{餘數}}{120}=\frac{\frac{\text{餘數}}{12}}{10}$。所谓："十二除为分"，又

"若以十除，则大分十二为母，命太半少及强弱。"上式则化成 $\frac{\frac{余数}{10}}{12}$。依此方法，求出 $l-\alpha$，称为黄道差数。在二至後 $\frac{\alpha}{5}\left(\frac{\alpha-125}{120}\right)$，实际上为负数，故其前後各九限，以差减赤道度；二分後 $-\frac{\alpha}{5}\left(\frac{\alpha-125}{120}\right)$ 实际上是正数，故其前後各九限，以差加赤道度，加减各成为黄道度。

開元十二年南斗二十三半，牛七半，婺女十一少，虛十，六虛之差十九太 危十七太，营室十七少，東壁九太。**北方九十七度 六虛之差十九太**

奎十七半，婁十二太，胃十四太，昴十一，畢十六少，觜觿一，參九少。**西方八十二度半**

東井三十，輿鬼二太，柳十四少，七星六太，張十八太，翼十九少，軫十八少。**南方一百一十度半**

角十三，亢九半，氐十五太，房五，心四太，尾十七，箕十少。**東方七十五度少**

為黄道度，以步日行，月与五星出入循此。（求此宿度皆有餘分，前後戴之，成少半太，準為全度。若上考往古，下驗將來，当据歲差，每移一度，各依術標，使得當时度分，然後可以步三辰矣。）

表中二十八宿黄道度，是从上述公式推算出来的。所谓："六虚之差十九太"是说：把赤道度虚分七百七十九，变成黄道度虚分，为十九太。这和四分历黄道度的斗分相当。所以称为"六虚之差"，源於唐高祖受禅，傅仁均造戊寅元历，称为開國曆法。戊寅元曆考驗七事，其六："可考驗者爲命度起虛六，符陰陽之始"，因称六虚。大衍历後，如五紀曆，并将"六虚之差十九太"列为法数。即由此故。黄道为日的轨道，而月与五星各轨道，均和黄道相交；故術言："月与五星，出入循此。"

又表中所列黄道度数和其相应的赤道度差，即 $l-\alpha$，与实际上由大衍历公式计算所得的，其小数点以下的数，微有不同。例如，斗宿的 $\alpha=26$，$l=23\frac{2}{4}$，故 $l-\alpha=-2\frac{2}{4}$，但用大衍历公式推算，得 -2.42，因小数点以下的数，改成太半少之故。

注中"前後戴之"，王应伟所据者为"辈"字。辈作分配解。即把少、半、太、全四个阶段，分配於分至前後的意义。上推下验，皆可以此公式计算之。

以乾实去中積分，不盡者盈通法為度，命起赤道虛九，宿次去之，經虛去分，至不滿宿筭外，得冬至加時日度。〔以三元之策累加之，得次氣加時日度。〕

這是求冬至加时日所在赤道度及餘的求法。 中積分＝積年×策实，也等於日行積度总和的通法分，而乾实为周天度的通法分。

術文所谓："以乾实去中積分"，就是在日行积度总和的通法内，減去若干倍周天度的通法分。直至減餘不満一周天分时，就是所求年天正冬至日所度的通法分。因此须以通法除为度及度餘，而其起標点則定在虛九，并以宿次去之，及經虛去其分。（可参考景初厤推日度術。）其積度數小於该宿度數，即得冬至加時日所在宿度及度餘。

注说："以三元之策累加之"，表明三元之策相当日數，亦即相当度數，所以得次氣加时日度。

以度餘減通法，餘以冬至日躔距度所

入限數乘之，為距前分，置距度下黄赤道差，以通法乘之，減去距前分，餘滿百二十除為定差，不滿者以象統乘之，復除為秒分，乃以定差減赤道宿度，得冬至加時黄道日度。

這是天正冬至日躔度的黄赤道的換算方法。例如：冬至加时赤道宿為α度，又加若干度餘，所謂距度為$\alpha+1$度，換算，先將

$$\frac{1-\text{度餘}}{\text{通法}}=\frac{\text{通法}-\text{度餘}}{\text{通法}}=\varepsilon$$

次由 $l-\alpha=\frac{\alpha}{5}\times\frac{125-\alpha}{240}$ 的公式，得次式

$$\frac{\alpha+1-\varepsilon}{5}\times\frac{125-\overline{\alpha+1-\varepsilon}}{240}$$

$$=\frac{\alpha+1}{5}\times\frac{125-\overline{\alpha+1-\varepsilon}}{240}-\frac{\varepsilon}{5}\times\frac{125-\overline{\alpha+1-\varepsilon}}{240}$$

一行為避免煩瑣计，先命冬至日躔距度$\alpha+1$所入限為

$$\frac{12-\left(\frac{\alpha+1}{5}-1\right)}{24}=\frac{(64-\alpha)/5}{24}=\frac{\frac{128-2\alpha}{10}}{24}$$

此值為日躔距度入 $\frac{(\alpha+1)}{5}$ 限後5度

的相当值，由此比例式：

$$5:\frac{\frac{128-2\alpha}{10}}{24}=1:x$$

故入该限後一度的相应值为：

$$x=\frac{1}{5}\times\frac{\frac{128-2\alpha}{10}}{24}$$

次又作第二比例式：

$$1:\frac{1}{5}\times\frac{\frac{128-2\alpha}{10}}{24}=\varepsilon:x$$

故和ε度的相当值：$x=\frac{\varepsilon}{5}\frac{\frac{128-2\alpha}{10}}{24}$

惟 $\varepsilon=\frac{\text{通法}-\text{度餘}}{\text{通法}}$

故 $x=\frac{\frac{(\text{通法}-\text{度餘})(128-2\alpha)}{10}}{120\times\text{通法}}$

術文所谓："距度而入限数"为：

$12+\left(\frac{\alpha+1}{5}-1\right)$，距前分为：

$$\frac{\frac{(\text{通法}-\text{度餘})(128-2\alpha)}{10}}{\text{通法}}$$

又術文说："距度下黄赤道差"，乃指以120为分母的黄赤道差的分，即由公式：

$$\frac{\alpha+1}{5}\times\frac{\frac{(125-\alpha+1)}{10}}{24}=\frac{\frac{(\alpha+1)(124-\alpha)}{10}}{120}=\text{黄赤道差分}$$

/120，故以黄赤道差分，减去距前分，除以120，即得定差：

$$\text{定差}=\frac{(\alpha-1)(124-\alpha)}{10}-\frac{\frac{(\text{通法}-\text{度餘})(128-2\alpha)}{10}}{\text{通法}}$$

$$=\frac{\frac{\frac{\{\text{通法}(\alpha+1)(124-\alpha)-(\text{通法}-\text{度餘})(128-2\alpha)\}}{10}}{\text{通法}}}{120}$$

$$=\frac{\text{除出數}+\frac{\text{不盡數}}{120}}{\text{通法}}=\text{整度數}+\frac{\text{餘數}+\frac{\text{不盡數}}{120}}{\text{通法}}$$

這 $\frac{\text{不盡數}}{120}$ 項，以象統24為分母，即由

$$120:\text{不盡數}=24:x_1,$$

故 $x_1=\frac{24\times\text{不盡數}}{120}$ 即術文所謂："不滿者以象統乘之，復⊖除為秒分。"

既得定差，便可求得冬至加时黄道日度。

又置歲差，以限數乘之，满百二十除為秒分，不尽为小分，以加三元之策，因累裁之，命以黄道宿次（去之），各得定氣

加時日度。

這是冬至以後各定氣黃道宿度的求法。

先置歲差，乘以冬至日躔度 $x+1$ 所入限數 $12-\left(\frac{x+1}{5}-1\right)$，復以120除為秒分。其不尽者，則命以120為母的小分。歲差本以通法為分母，依前条所述，將三元之策，改称為黃道宿度後，加入其内，所謂："累而裁之，命以黃道宿次去之"，即各得定氣加时日躔所在宿度。

置其氣定小餘副之，以乘其日盈缩分，滿通法而一，盈加缩减其副，用减其日加時度餘，得其夜半日度，因累加一策，以其日盈缩分，盈加缩减度餘，得每日夜半日度。

這是求定氣初日夜半日所在度的方法。所謂"定氣小餘"，就是由該氣加時所得的小餘。現在把它副置一旁，復將該氣盈缩分，作比例式，即：

$$通法：盈缩分=定小餘：x$$

x 為对於定小餘相当的盈缩分。所謂："副之，以乘其日盈缩分，滿通法而一。"

今以 x 盈加缩减其定小餘。所得即为从該定气夜半日度，至加时所得的度餘，所谓："用减其日，加时度餘，得其夜半日度。"所谓："累加一策"，就是累加一日，并将每日的盈缩分，盈加缩减度餘，当然得每日夜半日度。

四曰：步月離術

月亮在天球上运行，和太陽距離，每日不同。由朔而上弦，而望，而下弦，復与太陽合朔。经一个朔望月，周而復始。《曆本議》因说："月行日離"。這是步月離術名称的由来。

轉終六百七十萬一千二百七十九

轉終日二十七餘千六百八十五秒七十九

以通法和秒法80的連乘積除轉終，得 $27\frac{134879}{3040\times 80}=27\frac{1685\frac{79}{80}}{3040}$，即得轉終日27，餘1685，秒79。

轉法七十六

轉秒法八十

轉法就是月的逐日轉分，須用轉法除之，而後得真正度數。

例如下表載："一日轉分九百一十七"，

以轉法 76 除之，得 十二度又五分。這个五分，仍以七十六為分母。

以秒法乘朔積分，盈轉終去之，餘復以秒法約為入轉分，滿通法為日，命日算外，得天正經朔加時所入，因加轉差一日，餘二千九百六十七，秒一，得次朔，以一象之策循變相加，得弦望，盈轉終日及餘秒者去之，各以經朔弦望小餘減之，得其日夜半所入。

"一日"原文誤作"日一"。

這是推天正經朔入轉的方法。

朔積分為自麻元至所求年前天正十一月經朔以前積日的通法分，而轉終為轉終日數的通法又秒法分，以秒法乘朔積分，使同其分母，而後始以後者除前者，其餘數以秒法約為入轉分，則該入轉日分，仍為日數的通法分。所以用通法除之，得大小餘各若干，其大餘為經朔前的日數，而小餘則為天正經朔加時所入。術文求次朔入轉，則於

$27\frac{1685\frac{79}{80}}{3040}$，加入朔望月日數，和轉終日數的差，即

$\frac{2967\overline{80}}{3040}$，得 $29\frac{1613}{3040}$，這为一个朔望月的日數，所以得次朔入轉。如以一象之策 $7\frac{1163\frac{20}{80}}{3040}$ 遞次相加，得弦望入轉。如所加总日數，多於轉終日及餘秒者，应将所多的轉終日全分棄去之，而计称入轉日，又各经朔望小餘，均为从子半起称的日餘，故以经朔望小餘减入轉日餘及秒，得其日夜半所入。

轉日	轉分	列衰	轉積度	損益率	朓朒積
一日	九百一十七	進十三	度初	益二百九十七	朒初
二日	九百三十	進十三	十二度五分	益二百五十九	朒二百九十七
三日	九百四十三	進十三	二十四度二十三分	益二百二十	朒五百五十六
四日	九百五十六	進十四	三十六度五十四分	益百八十	朒七百七十六
五日	九百七十	進十四	四十九度二十二分	益百三十九	朒九百五十六
六日	九百八十四	進十六	六十二度四分	益九十七	朒千九十五
七日	千	進十八	七十五度空	初益四十八 末損六	朒千一百九十二
八日	千一十八	進十九	八十八度十二分	損六十四	朒千二百三十四
九日	千三十七	進十四	百一度四十二分	損百六	朒千一百七十
十日	千五十一	進十四	百一十五度十五分	損百四十八	朒千六十四
十一日	千六十五	進十四	百二十九度二分	損百八十九	朒九百一十六

十二日	千七十九	進十三	百四十三度三分	損二百二十九	朒七百二十七
十三日	千九十二	進十三	百五十七度十八分	損二百六十七	朒四百九十八
十四日	千一百五	進十 退三	百七十一度四十六分	初損二百三十一 末益六十六	朒二百三十一
十五日	千一百一十二	退十三	百八十六度十一分	益二百八十九	朒六十六
十六日	千九十九	退十三	二百度五十九分	益二百五十	朓三百五十五
十七日	千八十六	退十三	二百一十五度十八分	益二百一十一	朓六百五
十八日	千七十三	退十四	二百二十九度四十分	益百七十一	朓八百一十六
十九日	千五十九	退十四	二百四十三度四十九分	益百三十	朓九百八十七
二十日	千四十五	退十七	二百五十七度四十四分	益八十七	朓千一百一十七
二十一日	千二十八	退十八	二百七十一度二十五分	初益三十六 末損十八	朓千二百四十三
二十二日	千一十	退十八	二百八十四度六十五分	損七十三	朓千二百二十二
二十三日	九百九十一	退十四	二百九十八度十一分	損百一十六	朓千一百四十九
二十四日	九百七十八	退十四	三百一十一度十五分	損百五十七	朓千三十三
二十五日	九百六十四	退十四	三百二十四度五分	損百九十八	朓八百七十六
二十六日	九百五十	退十三	三百三十六度五十七分	損二百三十七	朓六百七十八
二十七日	九百三十七	退十三	三百四十九度十九分	損二百七十六	朓四百四十一
二十八日	九百二十四	退七 進六	三百六十一度四十四分	初損百六十五 末益入後	朓百六十五

上表表示月在轉終日间运行的状態。

第一欄：表示日數，稱為轉日。第二十八日，不滿一全日。景初厤稱為余日。

第二栏：表示月每日的实行分，称为转分。以转法76除之，得每日实行度。

第三栏：表示列衰。衰和差同。就是从第 n+1 日的转分，减去第 n 日的转分。若其差数为正，以进命之；差数为负，以退命之。

第四栏：为转积度，表示逐日转分的总和。用转法除成度数及分的项。

例如：第四日下的转积度为：三十六度五十四分，乃是连续三日的转分总值二百七十九，除以转法七十六，得 $36^\circ\frac{54}{76}$。即为第四日开始时的值，以下仿此。

第五栏：为损益率。先求月日实行转分，和日平行转分的差；再求月平行转分对于该差的比，等于通法对于损益率的比。即：

月日行分：(月平行分－月日实行分)＝通法：损益率

$$\text{损益率}=\frac{\text{通法}}{\text{月日平行分}}\times(\text{月实行分}-\text{月平行分})$$

$$=\text{比例常数}\times(\text{月实行分}-\text{月平行分})$$

第六欄：為朓朒積，表示某入轉日開始時以前逐日損益率的總和。規定和第四欄的轉積度全同。七日下載"初益四十八，末損六"，說明實行在該日某時間所積的轉分，正和月平行在該日某时所積轉分相等，其所对应的益率，這為四十八。以後月实行轉分較月平行轉分，漸漸增加，至該日告終时，相应的損率为六。損益相消，得四十二。這与八日下朒積千二百三十四，减去七日下朒積千一百九十二相等。

十四日下載："進十退三"，表示实轉分在該日某时间，其比率較十五日的轉分為進十。此後漸减至該日最末时，又較十五日轉分為退三，進退相消得七，這和該兩日轉分之差相等。又其下載："初損二百三十一，末損六十六"。說明和"七日下"同。

此後二十一下載："初益三十六，末損十八"；及二十八日載："退七進六"，和"初損百六十五，末益入後"。說明皆同兩例。

轉分表是从月遠月地点开始起标的。

各置朔弦望所入轉日損益率，并後率而半之，為通率。又二率相減為率差，前多者以入餘減通法，餘乘率差，盈通法得一，并率差而半之，前少者半入餘乘率差，亦以通法除之，為加時轉率，乃半之以損益加時所入，餘為轉餘，其轉餘應益者減法，應損者因餘，皆以乘率差盈通法得一，加於通率，轉率乘之，通法約之，以朓減朒加轉率為定率，乃以定率損益朓朒積為定數。

新唐书厤志：原文傳刻錯误較多，不能阅读。清李善蘭曾作大衍厤校误，今逐録如下：

求朓朒定數法：

各置朔弦望所入轉日損益率，并後率而半之，為通率；又二率相減為率差，以入餘減通法，餘乘率差，盈通法得一，并率差而半之，為轉率，視損益率前多者加於通率，前少者減於通率為轉餘，各以入餘乘之，如通法而一，為定率，以損益朓朒積為定數。

唐书曆志是承沿麟德曆術文，惟刻写多误。一行在曆議中，言步月離術，出皇極曆，而麟德、大衍皆用此術。大衍曆則又加以修正，後代曆家因謂大衍集諸曆大成。今按李氏校误计称如次：

$$通率=本日損益率+\frac{後日損益率}{2}=\frac{(\Delta_1+\Delta_2)}{2}$$

$$率差=本日損益率-後日損益率=\Delta_1-\Delta_2$$

$$入餘=S\times 通法\qquad (S<1)$$

則

$$轉率=\frac{1}{2}\left\{(通法-通法\times S)\times\frac{率差}{通法}+率差\right\}$$

$$=\frac{1}{2}(2-S)(\Delta_1-\Delta_2)$$

$$轉餘=\frac{1}{2}\left\{\frac{(通法-通法\times S)率差}{通法}+率差\right\}+通率$$

$$=\frac{1}{2}(2-S)(\Delta_1-\Delta_2)+\frac{\Delta_1+\Delta_2}{2}$$

$$定率=\frac{轉餘\times 入餘}{通法}=S\left\{\frac{(2-S)(\Delta_1-\Delta_2)}{2}+\frac{\Delta_1+\Delta_2}{2}\right\}$$

若以$S\alpha$表示朓朒積，則：

$$定數 = f(a) + S\left\{\frac{\Delta_1+\Delta_2}{2} + \frac{(2-S)(\Delta_1-\Delta_2)}{2}\right\} \cdots\cdots (A)$$

上式右邊第三項中 $\Delta_1-\Delta_2$，$\Delta_1 \gtrless \Delta_2$，而 $\frac{(2-S)(\Delta_1-\Delta_2)}{2}$ 為正或為負。

今將A式和Gans的取二次差止內插法公式比較，則由：

$$f(a+S) = f(a) + S\frac{\Delta_1}{w_1} + \frac{Sw_1}{w_1+w_2}\left(\frac{\Delta_1}{w_1} - \frac{\Delta_2}{w_2}\right) - \frac{S^2}{w_1+w_2}\left(\frac{\Delta_1}{w_1} - \frac{\Delta_2}{w_2}\right)$$

式中令 $w_1 = w_2 = 1$，則右邊第二項以下為：

$$S\Delta_1 + \frac{S}{2}(\Delta_1-\Delta_2) - \frac{S^2}{2}(\Delta_1-\Delta_2),$$

因 $\Delta_1 + \frac{1}{2}(\Delta_1-\Delta_2) \equiv \frac{3\Delta_1-\Delta_2}{2} \equiv \frac{\Delta_1+\Delta_2}{2} + (\Delta_1-\Delta_2)$，

這就表示一行所使用的公式，和Gans的內插法公式完全一致。

〔其後無同率者，亦因前率，應益者以通率為初數，半率差而減之，應損者即為通率，其損益入餘，進退日分為二日，隨餘初末，如法求之，所得並以損益轉率，此術本出皇極麻，以究算術之微變。若非朔望有交者，直以入餘乘損益率，如通法而一，以損益朓朒為定數。]

注说："其後無同率者，亦因前率。"

例如：求六日的通率，并後率而半；後率不足一日，不能称是同率。於五日的通率，减去率差，即為本日通率。率差亦仍用五日的數，而七日初則取六日的通率為初數。

同理，十四日末，其率不足一日，不能并後率而半，則取十五日之通率，加入率差，即為通率。其餘無同率各日，以此类推。其在益率，先作比例式。

通法：入餘＝半率差×$\frac{入餘}{通法}$

其在損率，同样比例後，由初數加所求，得初數±半率差×$\frac{入餘}{通法}$，以之為轉餘，再用入餘乘而通法除，便為定率，以損益朓朒積為定數。

注说："應益者以通率為初數，半率而減之，應損者即為通率。"疑有脫誤。又说："其損益入餘，進退日分為二日，隨餘初末，如法求之。"乃指明其前後即無同率，并且入餘在損益而有進一日或退一日的實例。此例者入餘小於初數，則令 $\frac{\text{初數}+\text{通法}}{2}=\text{通法}$；
若入餘大於初數，則令 $\frac{\text{末數}+\text{通法}}{2}=\text{通法}$。
各以代原來通法。又入餘若
小於初數，則令 入餘＋半末數＝入餘。
大於初數，則令 初數－入餘＝入餘。
又各以初末數除其日損益率，即 $\frac{\text{損益率}}{\text{初末數}}=(\text{損益率})'=\Delta'$，更以通法除前後兩率之較，而乘以新通法，
命率差即 $\frac{\Delta_1-\Delta_2}{\text{通法}}\times\text{新通法}=\Delta'_1-\Delta'_2$，

将这里计算所得新通法、新入餘及新率差，代入(A)，即得和(A)同形的计算式，所谓："随餘初末，如法求之。"并将所得损益朓朒积为定数，亦即和 Gauss 的公式全相符合。

注又说："若非朔望有交者，直以入餘乘损益率，如通法而一，以损益朓朒为定数。"说明若非朔望有交会而起日月食现象，可由比例式：

通法：损益率＝入餘：所求 即以所求损益朓朒积，而得定数。

七日{初數二千七百一，末數三百三十九}
十四日{初數二千三百六十三，末數六百七十七}
二十一日{初數二千二十四，末數千一十六}
二十八日{初數千六百八十六，末數千三百五十四}

以四象約轉終(日 原文脱日字)，均得之日二千七百一分，就全數約爲九分日之八，各以減法，餘爲末數，乃四象馴變相加，各其所當之日初末數也。視入轉餘，如初數已下者，加減損益，因循前率，如初數以上，則反其衰歸于後率云。

這是說明朔望弦入轉日，適逢轉終日的七日、十四日、二十一日、二十八日的計算法。先將轉終日均分為四，得六日二千七百一分，這約略適為通法二千七百一的九分之八，但通法為一日的日分，所以七日的初數為2701，而末數為

$3040-2701=339$，約略為通法的$\frac{1}{9}$，次將七日二千七百一，加六日二千三百六十三，為通法的$\frac{7}{9}$，以減通法，得十四日末數六百七十七，為通法$\frac{2}{9}$，以下照此計算。得二十一日初數及末數，約略為通法$\frac{6}{9}$及$\frac{3}{9}$。二

十八日初數及末數，约略为通法$\frac{5}{9}$及$\frac{4}{9}$，所谓："四象馴變相加，各得其所當之日初末數也。"今朔、望、弦入轉日，適入這种特别日，而其入餘，在初數以下或以上，则应如上述前後無日平时的例算，以施计算，所谓："加減損益，因循前率"，及"反其衰歸於後率。"（详细计算，可参考李善蘭麟德麻術）

各置朔弦望大小餘，以入氣入轉朓朒定數，朓減朒加之，為定朔，弦望大小餘，定朔日各与後朔同者月大，不同者小，無中氣者為閏月。

（凡言夜半皆起晨前子正之中，若注麻觀弦望定小餘，不盈晨初餘數者，退一日，其望有交起，（起疑當為蝕字之误）虧在晨初巳前者亦如之。又月行九道遲疾，則有三大二小，以日行盈縮累增損之，則或有四大三小，理數然也。若俯循常儀，當察加時早晚，隨其所近而進退之，使不過三大三小，其正月朔有交，加時正見者，消息前後一兩月，以定大小，令虧在晦二。）

這是求朔弦望定日及餘的方法。

由步日躔術求得入氣朓朒定數；後

由本術求得入轉朓朒定數，将两定數同名相加，異名相减，以朓减朒，加經朔弦望小餘，滿若不足，進退大餘，即各得其定日及小餘。又定朔日干名和後朔日同，则月大；不同则月小，而無中氣者闰月。

注说："凡言夜半者……亦如之"，一段，说明晨前至子正时间的相当小餘，为晨的餘數。所谓："晨前子正之中"，是以前至子正所余的时间，若注曆弦望定小餘小於晨初餘數，则弦望在子正后，大於晨初餘數，则依景初曆例，当退一日。若望有蝕虧，当在此例。

注说："月行九道遲疾，则有三大二小"。大衍曆朔望月平均为 $\frac{89773}{3040}=29^{\text{日}}53059$，按大小月相间，排列，每经一月，餘 0.03059，積 $16\overset{\text{月}}{.}34$，得 $0\overset{\text{日}}{.}5$，所以经过十六个月有奇，必要排連续两个大月，称为連大月。有連大月，就有与之相应的連续两个小月。在連大月前或後，适遇月行遲疾，当然有三大二小的可能。倘又加以日行盈缩而增损，可能四大三小，这是理数必然的。注曆若以为不合式，使其不过三大二小，则当审察和定小余相应的加时早晚，用适当方法，进退大小月，所谓："随其所近而进退之，使不过三大二小。"

唐时多禁忌，元旦（即正月朔）若发生日食，以为凶象。注说："正月朔有交，加时正见者。"就是正月朔昼见日食，则应进退前后一两月，"消息"作"进退"解，以定大小月，令日食在晦日或在二日。

定朔弦望夜半日度，各随所直日度及餘分命之，乃列定朔望小餘副之，以乘其日盈缩分，如通法而一，盈加缩减其副，以加夜半日度，各得加時日度。

"定朔弦望夜半日度，各随所直日度及餘分命之"，即按步日躔術所说：求定氣初日夜半日度及定朔夜半日度，先列朔弦望小餘，副置一旁，更作比例式：

通法：全日盈缩分＝朔望小餘：和该小餘相当的盈缩分。既得此式，则以所求的盈缩分，盈加缩减其小餘後，改为度餘，以之加该朔望夜半日度，即得该日加時日躔宿度。

凡合朔所交，冬在陰厤，夏在陽厤，月行青道。〔冬至夏至後，青道半交，在春分之宿，當黄道東，立冬立夏後，青道半交，在立春之宿，當黄道東南，至所衝之宿亦如之。〕冬在陽厤，夏在陰厤，月行白道。〔冬至夏至後，白道半交，在秋分之宿，當黄道西，立冬立夏後，白道半交，在立秋之宿，當黄道西北，至所衝之宿亦如之。〕春在陽厤，秋在陰厤，月行朱道。〔春分秋分後，朱道半交，在夏至之宿，當黄道南，立春立秋後，朱道半交，在立夏之宿，當黄道西南，至所衝之宿亦如之。〕春在陰厤，秋在陽厤，月行黑道。〔春分秋分後，黑道半交，在冬至之宿，當黄道北，立春立秋後，黑道半交，在立冬之宿，當黄道東北，至所衝之宿亦如之。〕四序離爲八節，至陰陽之所交，皆与黄道相会。故月有九行。

這是一行推月行九道的方法。白道和黄道相交，交点逐月向西逆行，约十八年有奇退行一周，刘洪已載入乾象厤中。月行九道。在刘向洪範传中，曾说："月有九行，黑道二出黄道北，赤道二出黄道南，白道二出黄道西，青道二出黄道東。立春春分，月東从青道，立秋秋分，西从白道，立冬冬至，北从黑道，立夏夏至，南从赤道。然用之一决於中道。"所谓中道，就是黄道。在刘向时代，阴阳五行及谶纬之说盛行，把月行配五色和五方。至唐时，九道術行廢。一行起而恢复，把青、黄、黑、赤、白，分别解释昇交点上的各个位置，即黄道上的二至二分及四立八个位置，月始有青白朱黑各二道及一黄道，称为九道術。《曆議》《九道議》即推阴阳曆交在冬至夏至，则月行青道白道，所交则同，而出入之行异。故青道至春分之宿，及其所衝，皆在黄道正中。白道至秋分之宿，及其所衝，皆在黄道正西。若阴阳曆交在立春立秋，则月循朱道黑道，所交则同，而出入之行異，故朱道至立夏之宿，及其所衝，皆在黄道西南，黑道至立冬之宿，及其所衝，皆在黄道東北。若阴阳曆交在春分秋分，则月行朱道黑道，所交则同，而出入之行异，故朱道至夏至之宿，及其所衝，皆在黄道正南；黑道至冬至之宿，及其所衝，皆在黄道正北。若阴阳厤交在立夏立冬，则月循青道白道，所交则同，而出入之行异，故青道至立春之宿，及其所衝，皆在黄道东南，白道至立秋之宿，及其所衝，皆在黄道西北。其大纪皆兼二道而实分八节，合于四正四维。

按阴阳厤中终之所交，则月行正当黄道，去交七日，其行九十一度，齐於一象之率而得八行之中，八行与中道而九，是谓九道。”

月道和黄道相交於升交点及降交点：

“推阴阳厤交在冬至夏至，则月行青道白道。”这是包含升交点在冬至，降交点在夏至；和升交点在夏至，降交点在冬至的两个实例。前例是由陽厤而入阴厤；后例是由阴厤而入陽厤。所谓之“所交同而出入之行异。”就前例言，月行青道，在冬至合朔所交后，并在夏至合朔交点后，所谓：“冬在阴厤，夏在陽厤，月行青道。”青道半交，适距交点为一象限。适在春分宿度，两弧相距，则为六度。注说：所衝之宿，六度於春分宿次，而均在黄道正东。月行青道，和今日環繞地球之說暗合。犹後例言，所謂：“冬在阳历，夏在阴历，月行白道。”所衝之宿，皆在黄道正西。“阴阳历交在立春立秋……及阴阳历交在春分秋分……”等，均可同样解釋。所謂：“凡大紀皆兼二道……合於四正四维”和“四季寄为八節”一样，不过說法詳略而已。所謂：“按阴阳历中终之所交，则月行正当黄道，去交七日，其行91°，齐於一象之率，而得八行之中，八行与中道而九，是謂九道。”“阴阳历中终之所交”，即月由交点出发，经过两象限而至中交，後过两象限而至终交，月在中终两交点，正当黄道。月平行为13°餘，所經七日而行91°，正和一象限相當，而在两交点中间。所謂“八行之中”，“八行和中道相加而得九道。”和“阴阳之所交……故月有九行。”含义一样。

各視月交所入七十二候，距交初中黄道日度，每五度為限，亦初數十二，每限減一，數終於四，乃一度彊依平，更从四起，每限增一，終於十二，而至半交，其去黄道六度，又自十二，每限減一，數終於四，亦一度彊依平，更从四起，每限增一，終於十二，復与日軌相会，各累计其數，以乘限度，二百四十而一得度，不満者二十四除為分。〔若以二十除之，則大分以十二為母。〕

這是黄白道換標方法。

即由白道和黄道初交或中交，在黄道上劃分五度為一限，初限數為 $\frac{12}{48}$，次限數為 $\frac{11}{48}$，依次每限减一，至第九限减至 $\frac{4}{48}$，黄道入限度數為45°，白道則46°半，且於九限終後加添入一度張而依平之率。更从 $\frac{4}{48}$ 起，得第二个九限，每限增 $\frac{1}{48}$，即从 $\frac{4}{48}$，至 $\frac{12}{48}$ 止，而黄道适為一象限，名為半交。其时黄白道相距六度。復从半交 $\frac{12}{48}$ 起，每限减 $\frac{1}{48}$，經九限而至 $\frac{4}{48}$，復加算一度張，而再依 $\frac{4}{48}$ 的平率起，每限增一。至九限而限數為 $\frac{12}{48}$，而黄白道復相交，所謂"復与日軌相会"。

〔本条及前项日步日躔術，論黄赤換標时，皆言"一度張依平"。因為古曆以91度有奇為一象限，又限45°小於半象限，所以须跨过一度强而后依平率。再经45°而至中交。]

设黄道入限数为l，月道入限数为L，即得等差级数公式：

$$L-l=\frac{l}{5}\left\{\frac{12}{48}-\frac{\frac{l}{5}-1}{2}\times\frac{1}{48}\right\}$$

$$=\frac{l}{5}\times\frac{125-l}{480}=\frac{\frac{l(125-l)}{10}}{240}$$

从而标出下表：

l	L	$L-l$	$\Delta(L-l)$	
5	$5+\frac{12}{48}$	$\frac{12}{48}$	$\frac{12}{48}$	初限
10	$10+\frac{23}{48}$	$\frac{23}{48}$	$\frac{11}{48}$	二限
15	$15+\frac{33}{48}$	$\frac{33}{48}$	$\frac{10}{48}$	三限
20	$20+\frac{42}{48}$	$\frac{42}{48}$	$\frac{9}{48}$	四限
25	$25+1\frac{2}{48}$	$1\frac{2}{48}$	$\frac{8}{48}$	五限
30	$30+1\frac{9}{48}$	$1\frac{9}{48}$	$\frac{7}{48}$	六限
35	$35+1\frac{15}{48}$	$1\frac{15}{48}$	$\frac{6}{48}$	七限
40	$40+1\frac{20}{48}$	$1\frac{20}{48}$	$\frac{5}{48}$	八限
45	$45+1\frac{24}{48}$	$1\frac{24}{48}$	$\frac{4}{48}$	九限

這表符合於正交前後入限為起点，初中兩交皆為正交。若以半交前後入限為起点，即將表內第二行下加號改為負號，第三行 $L-l$ 及第四行 $\Delta(L-l)$ 下各數均冠負號，即得。若从半交之前後為入限起点，可將上表倒看，即以第九限為第一限，以第一限為第九限。其餘仿此。所謂："累計其數，以乘限度"，是說累計其限數，以乘限度 l，相當於公式的

$l\left\{12-\frac{\frac{l}{5}-1}{2}\right\}$ "二百四十而一，不滿者二十四除為分"。理由見步日躔術：天正冬至日躔度的黄赤道換算方法。

注說："若以二十除之，則大分以十二為母。"將右式 $\frac{\frac{l(125-l)}{10}}{240}$ 化為 $\frac{\frac{l(125-l)}{10}}{\frac{20}{12}}$ 即符合注文。

為月行与黄道差數，距半交前後各九限，以差數為減，距正交前後各九限，以差數為加，〔此加減出入六度，單与黄道相較之數，若較之赤道，則隨氣遷變不常。〕計去冬至夏至以來候數，乘黄道所差，十八而一，為月行与赤道差數，凡日以

赤道内為陰，外為陽，月以黄道内為陰，外為陽，故月行宿度入春分交後行陰厤，秋分交後行陽厤，皆為同名。若入春分交後行陽厤，秋分交後行陰厤，皆為異名。其在同名，以差數為加者加之，減者減之。若在異名，以差數為加者減之，減者加之，皆以增損黄道度為九道定度。

从上述公式，得月行与黄道差数。又由表中所规定的正負号，知半交、正交前后各差差数加减的理由。

注说："此加减出入之度，单与黄道相较之数。"是说：差数的加减根据黄白道交弧六度而生，所以 L－l 的计算，尚属简单，求其与赤道相较，即 L－α，则入限度数 L，各随七十二候所得的 L－α，不相同。

注说："隨氣遷变不常"，指此。

一行根据黄白道交点，在黄道上逆行的十九年一周天。黄白的换算率，和赤道极有关，又隨交点在黄道上位置而生变化。在《九道议》中，他设三个特例，先想月道和黄道相交，在春秋二分。这时"赤道里道近交初限，黄道增$\frac{12}{24}$，月道增$\frac{12}{48}$，至半交之末，其减亦如之，故九限之际，黄道差3°，月道差$1^{\circ}5$。""若所交与四立同度，则黄道在损益之中，月道差$\frac{12}{48}$，月道至损益之中，黄道差$\frac{12}{48}$。"是说：交在四立，则交点距春秋分点为四分之一。由黄白道换粹说，黄道在损益的中间，而月道则差$\frac{12}{48}$，至月道行至损益的中间时，黄道亦差$\frac{12}{24}$，故到九限时，黄道仍差3°，而月道则差$0^{\circ}.75$。

"若所交与二至同度，则青道白道近交初限，黄道减$\frac{12}{24}$，月道增$\frac{12}{48}$，于半交之末，黄道增$\frac{12}{48}$，月道增$\frac{12}{48}$。"是说：所交在二至，则两交距春秋分点各为90°。由为所論，黄道减则月道增，至半交末，黄道增则月道减，故至九限，黄道和月道相同。

九道议说明：假定以四立为標準交点，则在九限的时候，黄道差为3°，

月道差 $0°.75 = (\frac{3}{4})° = 3°\times\frac{1}{4}$，若於數内，再加四分度之三，即得交点和二分同度时的月道差 $1°.5$；又若於 $(\frac{3}{4})°$ 内，减去 $\frac{3}{4}$，即得交点和二至同度时的月道。故《九道议》又说：

"日出入赤道二十四度，月出入黄道六度，相距四分之一，故於九道之变，以四立为中交。在二分增四分之一，与黄道相半。在二至减四分之一，而与黄道正均。"

对於这三个特例的换算，规定其它七十二候，也可作出类似的规定。由二分而四立，由四立而二至。八节相距，适和九候相当。对於八个九候之一，月道差四分度之三，则对於一候，月道差亦为其九分之一。《九道议》又说：

"推极其数，引而伸之，每气移一候，月道所差，增损九分之一。七十二候而九道究矣。"

这就是月道在黄道上移动，月道所差的关係，从一般更推论白道和赤道的换算。術文所说"去冬至夏至以来候数，乘赤道所差，十八而一，为月行与赤道所差。""黄道所差"是说"月行与黄道差数"。说明 月行和赤道差数，和冬夏至以来，至月行正交入黄限候数有关。（一限等于一候）又和月行与黄道差数有关。结果和二者相乘积有关。另一方面，设以冬至夏至为起点，将半周天分为三十六候，一象限得十八候。作比例式，即十八候：冬夏至以来候数＝月行和黄道差数：月行和赤道差数。两比例中项相乘后，以外项十八相除。此十八分之一，可视为比例常数。这是一行所创立的方法。

黄赤道相交两点，一为升交点，一为降交点。自升交点过赤道以北的黄道两象限，称为阴；自降交点过赤道以南的黄道两象限，称为阴。同理，黄白道也有升降两交点。在黄道以北的白道两象限，称为阴；在黄道以南的白道两象限，称为阳。交点若与春分点符合，则月行宿度入春分交点后行阴历，月行在黄道以北，春分后的黄道，也在赤道以北，是黄道弧和白道弧都向北凸。入秋分交点後行阳厤，月行在黄道以南。同时，秋分後的黄道，也在赤道以南。这时黄道弧和白道弧都向南凸。二者均为同名。至若入春分交後行阳厤，月行在黄道南，同时黄道在赤道北，即白道弧凸向南，而黄道弧凸向北，入秋分交後行阴厤；同时，白道弧凸向北，而黄道弧凸向南，二者均为异名。依白道和黄道两弧的方向在同名，则视上述两差数，亦为加号，两数相加。所谓："加者加之"。若一为加号一为减号，则任两数相减，所谓："减者减之。"如在异名，视两差数，俱为加号，或一为加号，一为减号，则反其符号。令加者变为减号，减号变为加号。所谓："加者减之，减者加之"。

即将两差数之和或较，以之增减黄道度数，得九道（即白道）定度数

各以中氣去經朔日算，加其入交汎日，

汎日原文误作況

乃以減交終，得平交入中氣日算，滿三元之策去之，餘得入後節日算。（因求次交者，以交終加之，滿三元之策去之，得後平交入氣

日算。〕

"中氣去經朔日算"，指其經朔距離最近某中氣日數。"入交汎日"及"交終"見《步交會術》。月行白道，自昇交點經降交點後返原處，計27日及$\frac{6455661}{1000}/3040$稱為交終日，亦稱交點月日數。所謂某經朔的"入交汎日"，以每日平行度入算，求某月經朔恰入交點月的第某日，即"入交汎日"。今以恒中氣去經朔日算，加該月經朔入交汎日，即得該中氣入交汎日。從交終日內減去中氣入交汎日，得平交入中氣日算。若減餘日數大於三元之策，則減去此數，得平交入後氣日算。所說之加減日算，包括餘秒在內。例如"滿三元之策去之"，即滿三元之策及餘秒去之。其餘仿此。

各以氣初先後數，先加後減之，得平交入定氣日算，倍六爻乘之，三其小餘，辰法除而從之。以乘其氣損益率，如定氣辰數而一。所得以損益其氣朓朒積，為定數。

求平交入氣朓朒法。

把平氣改為定氣，將氣下（即氣初）先後數，先加後减平氣日餘。以之加减平交入中節氣日餘，得平交入定氣日餘。將日餘改為辰數，一日為十二辰，乘日餘的大餘及小餘。小餘以通法3040為分母。即：

$$12\left(大餘+\frac{小餘}{3040}\right)=12\times大餘+\frac{3\times小餘}{760}=\chi$$

"倍六爻乘之，三其小餘，辰法除之，從之。"倍六爻，即十二辰數。從作加餘。即：

定氣辰數：損益率$=\chi$：和χ相当的損益數

故以損益數，用以損益該氣初日的朓朒積，即得平交入气朓朒定數。

又置平交所入定氣餘，加其日夜半入轉餘，以乘其日損益率，滿通法而一，以損益其日朓朒積，交率乘之，交數而一為定數。

求平交入轉朓朒定數法：

設所入定氣日餘，S_1，其日夜半入轉餘S_2　通法：損益率$=S_1+S_2:\chi'$

今以χ'損益其日朓朒積是否和前項入氣朓朒定數同樣得入轉朓朒定數？不能！因月球每日所行的速度，

兩相比較，極爲懸殊。一行設想月從月道和黄道相交点出发，回至原处，所需为一个交点月的日数。太陽从黄道上月道交点出发，回原来月道交处，所需为一个交食年的日数。皆由月每日所行，和日每日所行不同，得此结果。一行依据皇極麻法，在步交会術中，设交率和交数兩法数

$$\frac{\text{令交率}}{\text{交數}}=\frac{\text{交点月}}{\text{食年}}$$

將此关系和本項目联系，即

交數：交率＝（乙'土其日朓朒積）：平交入轉朓朒定數

与術文符合。

乃以入氣入轉朓朒定數，朓減朒加平交入氣餘，滿若不足，進退日算，爲正交入定氣日算。

入氣朓朒和入轉朓朒兩定數須同名相从，異名相消。而後朓減朒加平交入氣的日餘，加得後，日餘大於通法，须進一日。若入氣日餘，小於減數，須退一日，所謂"進退日算"。结果得正交入定氣日算。

其入定氣餘副之，乘其日盈縮分，滿

通法而一，以盈加缩减其副，以加其日夜半日度，得正交加时黄道日度。

求正交加時黄道日度法。

将正交入定氣的日餘，副置一旁，即通法：其日盈朒分二日餘：之

又为和入定氣餘相当的盈朒分，将之盈加朒减正交入定氣餘，为平交入气餘加减入气入转两朓朒定数，而再加减其盈朒分。再以之和其日夜半日度相加，而得加时黄道日度。

以正交加时度餘，减通法，餘以正交之宿距度所入限数乘之，为距前分，置距度下月道与黄道差，以通法乘之，减去距前分，餘满二百四十除为定差，不满者一退为秒。以定差及秒加黄道度餘，仍计去冬至夏至已来候数乘定差，十八而一，所得依名同異而加减之。满若不足，进退其度。得正交加时月離九道宿度。

求正交加时月離九道宿度法。

当日躔術中，曾释改称冬至气初加时赤道日度为黄道日度。此所不同的，为所用公式符号及分母有异。即於

$n\pm\frac{n}{5}\times\frac{125-n}{分母}$中，前者应从冬至点，即半交入限，故在±号中，应取负号，而分母则24。此处从正交点入限，这公式应取正号，而分母为48，计算过程，两者不异。既以24除为定差，不满24，所谓：除不尽数，退为秒，所用公式，取正号。术文说："以定差及秒加黄道度余"，"仍计冬至夏至以来候数……进退其度"，亦照前推月行与黄道差数时解释。同名异名加减后，满若不足，进退其度，得正交加时月离九道宿度。

各置定朔弦望加時日度，从九道循次相加，凡合朔加時月行潛在日下，与太陽同度，是謂離象。〔先置朔弦望加時黃道日度，以正交加時所在黃道宿度減之，餘以加其正交九道宿度，命起正交宿度算外，即朔望加時所當九道宿度也。其合朔加時若非正交，則日在黃道，月在九道，各入宿度，雖多少不同，考其去極，皆應繩準。故云：月行潛在日下，与太陽同度。〕以一象之度九十一，餘九百五十四，秒二十二半，為上弦兌象，倍之而與日衝，得望坎象，參之得下弦震象。各以加其所當九道宿度秒，盈象從縮，餘滿通法從度，得其日加時月度。〔综五位成數四十，以约度餘為分，不盡為因為小分。〕

求定朔弦望加時月所在度法。

所謂："各置其日加時日躔所在度，从九道循次相加。"即注中所说：从朔弦望加时黄道日度，减以正交加时所在黄道宿度，以正交宿度为起称点，再加正交九道宿度。所谓："从九道循次相加"，得朔弦望加时所当九道宿度。

注说："其合朔加时，若非正交"。即合朔加时，不在正交点，不发生日食现象时，这时日在黄道，月在白道，两者同经不同纬。入宿虽有多少，然去极相应。此时日月合朔，而生兑象。所谓："月行潜在日下，与太阳同度。"从这合朔时，月在九道宿度，加入一象的度数及余秒，即将四象："周天度三百六十五，虚分七百七十九太"，均分為四，得一象度数为 $91\frac{945\frac{15}{16}}{3040}$ 度。

惟 $\frac{15}{16}=\frac{15\cdot\frac{3}{2}}{16\cdot\frac{3}{2}}=\frac{22.5}{24}$，術言"秒二十二半"，加后得上弦兑象，倍一象度數及餘秒，以加，直日与月对，而得望坎象。更三乘一象度數及餘秒以加，得下弦震象。離、兑、坎、震の卦，与朔、弦、望毫无关係。一行因"月行潛居日下"的離象，而連及其它三卦，实是穿鑿附会。各數和發生離象时月行九道宿度相加，各得朔弦望加时月度。術言：秒盈象従从餘二句，观上算分數自明。

度餘以通法 3040 为分母，若改为轉法，76为分母，则

$$\frac{度餘}{3040}=\frac{所求}{76}$$

$$所求=\frac{76\times 度餘}{3040}=\frac{度餘}{40}$$

求出數为分，不足者为小分，即註说："除五位成數……因为小分。"

視經朔夜半入轉，若定朔大餘有進退者，亦如之加減轉日，否则因經朔为定，累加一日得次日。

這是定朔夜半入轉的推法。

依前述方法，将经朔夜半入转，改成定朔夜半入转后。若大余有进一或退一，亦加减转日。"否则因经而定"。例如，经朔适逢冬至日，太阳实行和日平行相同，无盈缩可言。（大衍曆規定如此）若欲求其次以下各日的夜半入转，则累加一日，即得。

各以夜半入轉餘，乘列衰，如通法而一，所得以進加退減其日轉分，為月轉定分，滿轉法為度。

求每日月转定度法。

各以夜半入转余，

通法：列衰＝入转余：所求

$$所求＝\frac{列衰\times转余}{通法}$$

以之進加退減其日转分，得其日转定分，至"满转法为度"。因转终日衰中，每日转分，以转法为分母。

視定朔弦望夜半入轉，各半列衰以減轉分，退者定餘乘衰，以通法除并衰而半之，進者半餘乘衰，亦以通法除，皆所加減，乃以定餘乘之，盈通法得一，以減加時月度，為夜半月度，各以每日轉定分累加之，得次日。

求朔弦望日夜半月所在度法。

採用二次差内插法。先命 $\frac{定餘}{通法}=S$，

退者

$$\frac{\frac{通法\times S\times 列衰}{通法}+列衰}{2}+轉分-\frac{\frac{列衰}{2}\times 通法\times S}{通法}$$

$$=S\left(轉分+S\times\frac{列衰}{2}\right)$$

進者

$$\left(\frac{通法\times S\times 列衰}{2通法}+轉分-\frac{列衰}{2}\right)通法\times\frac{S}{通法}$$

$$=S\left\{轉分-\frac{1}{2}(1-S)列衰\right\}$$

上两式右边，S均为二次式，和内插公式相同。为退为進，所得积值，以之减加时月度，为夜半月度。若以每日轉定分，逐次加入，得以下诸日的夜半月度。

若以入轉定分，乘其日夜漏，倍百刻除爲晨分，以減轉定分，餘爲昏分，望前以昏，望後以晨，加夜半度，各得晨昏月。

求月晨昏度法。

入轉入定分，对于晨昏的比等于一百刻对於半夜漏刻的比。即

$100:\frac{1}{2}夜漏刻=轉定分:晨分$

$$晨分=\frac{夜漏刻\times转定分}{200}$$

晨分、昏分，均以夜半为起点，转定分为整日，即夜半至翌日夜半，的转分。由转定分减去晨分，得昏分。计祘晨昏时月所在度，与望前、望後有关。若在望前，以乙日昏分，加入甲日夜半月度。若在望後，以乙日晨分，加入甲日夜半月度。各为其晨昏月度。

交日	屈伸率	屈伸積
一日	屈二十七	積初
二日	屈十九	積二十七
三日	屈十三	積四十六
四日	屈八	積五十九
五日	屈十三	積六十七
六日	屈十九	積一度四
七日	初屈二十 末伸七	積一度二十三
八日	伸十九	積一度三十六
九日	伸十三	積一度十七
十日	伸八	積一度四
十一日	伸十三	積七十二
十二日	伸十九	積五十九
十三日	伸二十七	積四十

十四日　初伸十三　末屈入後　積十三

月行有遲疾，《曆本議》説："積遲謂之屈，積速謂之伸。"表中第某日下的屈伸積，即自某日開始，至此日所積累屈伸率的總和。表中所列日數，為半个交点月的日數。第十四日，不足一日，稱為分日。第七日"初屈二十，末伸七"，表明這一日是屈伸率的交替日期。即是該日分為前後兩部分。前部分為屈二十，後部分則為伸七。由屈二十，減去伸七，得十三，故第八日下積，為一度三十八。第十四日"初伸十三，末屈入後"，即該分日初伸十三，又屈十三，伸屈兩相抵消，周而復始。至第一日下又為積初。積屈伸率七十六，則為一度。

各視每日夜半入陰陽曆交日數，以其下屈伸積，月道与黄道同名者加之，异名者減之，各以加減每日晨昏黄道月度，為入宿定度及分。

根据對稱原理，此正交点至彼正交点的月行日數，所謂陰曆或陽曆，各日的屈伸率均同。上表表示陰曆或陽曆的的任何一曆。但计示时须注意的，月道和黄道同屬陽或陰，或彼此阴阳相對，前者称为同名，後者称为異名。当其交日夜半月行入陰陽曆時，該日下屈伸積，即該日晨昏黄道月度的订正數，即以之加（同名）或減（異名），該日晨昏黄道月度，為入宿定度及分。

五曰：步軌漏術

軌漏亦作晷漏。晷即日影，軌即日軌，漏乃漏壺。《曆本议》说："观晷景之进退，知軌道之升降，軌与晷名舛而义同，其差则水漏之所从也。"即明軌漏两字的含义。

爻统千五百二十。

通法折半得爻统，通法又用为日法，故爻统亦为半日法。

象积四百八十。

以 $\frac{3}{19}$ 乘通法3040，得480，称为象积。在步軌漏術中，用为刻法。

辰八刻，百六十分。

每日为一百刻，分为十二辰，一辰为 $\frac{100}{12}=8\frac{1}{3}$ 刻 $=8\frac{160}{480}$。

昏明二刻，二百四十分。

日没後為昏，日出前為明。《大衍曆》規定昏明時刻，各為二刻又二分刻之一，即又 $\frac{240}{480}$ 刻。

定氣	陟降率 漏刻	消息衰 黃道去極度	陽城日晷 距中星度
冬至	降七十八 二十七刻二百二十分	息空六十四 百一十七度三十分	丈二尺七寸一分五十 八十二度二十六分
小寒	降七十二 二十七刻百三十五分	息十一九十一 百一十四度三十五分	丈二尺二寸二分七十七 八十二度九十一分
大寒	降五十三 二十六刻三百八十分	息二十二四十二 百一十一度九十分	丈一尺二寸一分八十二 八十四度七十七分
立春	降三十四 二十五刻四百七十五分	息三十二十五 百八度五分	九尺七寸三分五十一 八十七度七十分
雨水	降初限七十八 二十四刻四百七十分	息三十五七十八 百三度二十分	八尺二寸一分六 九十一度三十九分
驚蟄	降一 二十三刻三百六十分	息三十九五十 九十七度三十分	六尺七寸三分八十四 九十五度八十八分
春分	陟五 二十二刻二百三十分	息三十九六十五 九十一度三十分	五尺四寸三分十九 百度四十四分五十
清明	陟初限一	息三十八六十九	四尺三寸二分十一

	二十一刻 百二十分	八十五度 三十分	百五度 一分
穀雨	陟三十二	息三十三 五十六	三尺三寸 四十七
	二十刻 十分	七十九度 三十分	百九度 五十分
立夏	陟五十二	息二十八 三十八	二尺五寸三分 三十一
	十九刻 五分	七十四度 五十五分	百十三度 十九分
小滿	陟六十三	息二十 十二	尺九寸五分 七十六
	十八刻 百分	七十度 七十分	百一十六度 十二分
卅 芒種	陟六十四	息十 十二	尺六寸 三
	十七刻 三百三十五分	六十八度 二十五分	百一十七度 九十八分
夏至	降六十四	消空 五十二	尺四寸七分 七十九
	十七刻 二百五十分	六十七度 四十分	百一十八度 六十三分
小暑	降六十三	消十 七十六	尺六寸 三
	十七刻 三百三十五分	六十八度 二十五分	百一十七度 九十八分
大暑	降五十二	消二十 七十五	尺九寸五分 七十六
	十八刻 百分	七十度 七十分	百一十六度 十二分
立秋	降三十二	消二十八 九十	二尺五寸三分 三十一
	十九刻 五分	七十四度 五十五分	百一十三度 十九分
處暑	降初限九 十九	消三十四 五十五分	三尺三寸 四十七
	二十刻 十分	七十九度 三十分	百九度 五十分
白露	降五	消三十八 九十	四尺三寸三分 十一
	二十一刻 百二十分	八十五度 三十分	百五度 一分
秋分	降一	消三十九 六十	五尺四寸三分 十九

	二十二刻二百三十分	九十一度三十分	百度四十四分五十
寒露	陟初限一	消三十九五十	六尺七寸三分八十四
	二十三刻三百六十分	九十七度三十分	九十五度八十八分
霜降	陟三十四	消二十四九十八	八尺二寸一分六
	二十四刻四百七十分	百三度二十分	九十一度三十九分
立冬	陟五十三	消二十九七十二	九尺七寸三分五十一
	二十五刻四百七十五分	百八度五分	八十七度七十分
小雪	陟七十二	消二十一七十	丈一尺二寸一分八十二
	二十六刻三百八十分	百一十一度九十分	八十四度七十七分
大雪	陟七十八	消十一十三	丈二尺二寸二分七十七
	二十七刻百三十五分	百一十四度三十五分	八十二度九十一分

表列六項。第一、第二為陟降率及消息衰。曆本議說："中晷長短，謂之陟降，……積其陟降，謂之消息。"陟降率皆得自実驗，除雨水、清明、處暑、寒露四氣，大概每日均同。如：冬至定氣下降率為78，表示冬至初日至小寒初日相距為

$$14\frac{1351\frac{2}{24}}{3040}\text{日}=14.442\text{日}$$

，每日降78，至小寒初日共積1126.476，再加冬至初日下64，共積1190.48，作為息十一，及降餘91，為小寒初日的息衰。

又如小寒初日至大寒初日相距为14.608，每日降72，至大寒初日止，共降1051.8，加入前所降1190.48，得2242.28，折合息22及降馀42，其馀仿此。

第三项目为陽城日晷。陽城因代为中续交地，是古曆测日晷的標準地点。唐代亦不例外。

第四为漏刻。夜漏刻的一半，称为夜半漏。

第五为黄道去極度，今称为太陽在黄道的餘緯。漏刻和日晷长短都是根據太陽去極度来的。

第六为距中星度，与日出没的辰刻有关。

後四项皆以冬夏至为对称点，为前二项所派生。即後四项的各數值，都可用前二项的函數表顯示。

各置其氣消息衰，依定氣所有日，每日陟降率陟減降加其分，满百从衰。各得每日消息定衰。其距二分前後各一氣之外，陟降不等，皆以三日為限，雨水初日降七十八，初限日損十二，次限日損八，次限日損三，次限日損二，次限日損一。清明初日陟一，初限日益一，次限日益二，次限日益三，次限日益八，末限日益十九，處暑初日降九十九，初限日損十九，次限日損八，次限日損三，次限日損二，末限日損一，寒露初日陟一，初限日益一，次限日益二，次限日益三，次限日益八，末限日益十二，各置初日陟降率，依限次損益之，為每日率，乃遞以陟減降加氣初消息衰，各得每日定衰。

一行造曆時，史称梁令瓒和南宫说合作。梁作黄道游仪，观测二十八宿相距度，南宫以河南阳城为基点，测定晷景及北极高度，并推广及九州各地。前表后四项目，悉据实验记录。陟降率及消息衰，虽承皇极曆，却加改善。術文所谓："其距二分前后各一氣之外陟降不等"，是说：雨水、清明、处暑、寒露四氣，陟降不等。讨论四氣，先视表中各氣对称性质，及其消息衰和降陟率的相互关係。

冬至息空 64

小寒息 1191	大雪消 1113	差 冬至降 大雪陟	78
大寒息 2242	小雪消 2170	差 小寒降 小雪陟	72
立春消 3025	立冬消 2972	差 大寒降 立冬陟	53

雨水息 3578	霜降消 3498		
驚蟄息 3950	寒露消 3950		
春分息 3965	秋分消 3966		
清明息 3889	白露消 3890		
谷雨息 3356	處暑消 3455		
立夏息 2838	立秋消 2890	差 立夏陽 大暑降	52
小滿息 2012	大暑消 2075	差 小滿陽 小暑降	63
芒種息 1012	小暑消 1076	差 芒種陽 夏至降	64
夏至消空 52			

上表横行，自小寒下息衰，减去大雪消衰，適合冬至降率，大雪陽率各78。小寒下消衰，即冬至定气末日，亦即小寒定气初日的息衰。大雪下的消衰，即大雪初日的消衰。這两定氣是相連的。自大雪初日起算，至冬至末日止，適为两气相当日數。其消息衰由消而变至息，其消息衰的差，则由陽78而变至降78。即以大雪冬至作为对称的起点，在计算过程中，把$\pm 78-(\mp 78)=\pm 156$，均分为二，得冬至降78，大雪陽78。

第二横行，大寒小雪两定气，雖不相

連，然以对称之理论之，也能成立。

第三横行也是如此。

自表中最末横行起，倒數至第三横行，解釋亦同。

第四横行，雨水定气，初日降78，初限三日为66+54+42，次限三日为34+26+18，次限三日15+12+9，次限日为7+5+3，末限三日为2+1+0，其总降率为372，和大衍曆原表之雨水下息3578，相加得驚蟄下息3950。又清明初日降1，初限2+3+4，次限三日为6+8+10，次限三日为13+16+19，次限三日为27+35+43，末限三日为62+81+100，其总降率为469，和表中清明下息3889，相减得谷雨下息3420，和原表中3356不相符合。似应将表中"谷雨降32"改"降37"方合。

又处暑初日降99初限三日为30+61+42，次限三日为34+26+18，次限为15+12+9，次限为7+5+3，末限为2+1+0，其总降率为414，以加处暑下消3455，得3869和表中白露下消389，相比，差21，误差较为微小，可置不论。

寒露初日陟，初限三日为2+3+4，次限为6+8+10，次限为13+16+19，次限为27+35+43，末限为55+67+79，其总陟率为422，以减寒露下消3950，得3528，与原表中霜降下消3498，不符。

不仅如此，今将各气下消息衰逐一覆祘，并遵"满百为分"规定，将20%以下误差，不论，计：雨水下息多46，谷雨下息少64，立夏下息少45，夏至下消多63，处暑下消多68，白露下消多21，霜降下消少30。

惟如雨水下"息多46"，即雨水气下息3578内，减去46，得3532，始与计祘相符。其余仿此。

实际和计祘不符，非传写之误。因在实际测验下，以消息实衰为函数，借以计祘其它项目。如阳城日晷、漏刻、黄道去极度，距中星度等，实际和理论有不合之处，由于这种缺点存在，后来历家，如宋代历法，皆用"二至限"及"消息法"以代之，使计计согласно歸于前面。其它四项，对于冬夏二至，均为对称，相等。例如：冬至前後第一氣小雪及大雪下，陽城日晷漏刻黄道去極度距中星度均相等。其先後第二气大寒及小雪下，亦相等。以下仿此。

夏至前後第一氣小暑及芒种下，陽城日晷漏刻黄道去極度距中星度四项，均相等，其前後第二氣大暑及小滿下，亦各相等。以下仿此。惟表中冬至下黄道去極度"百十七度"，乃是"百十五度"傳寫之誤。因為表中春分下的黄道去極度九十一度三十分，即古麻一象限度數。古麻黄赤道交角為二十四度，这正是冬至日躔和赤道弧相距度，由九十一度三十分加二十四度，等於百十五度三十分，所以原表中冬至下黄道去極度，應改作百十五度二十分。

南方戴日之下，正中無晷，自戴日之北一度，乃初數千三百七十九，自此起差，每度增一，終於二十五度，计增二十六分。又每度增二，終於四十度，又每度增六，終於四十四度，增六十八，又每度增二，終於五十度。又每度增七，終於五十五度。又每度增十九，終於六十度。增百六十，又每度增三十三，終於六十五度，又每度增三十六，終於七十度。又每度增三十九，終於七十二度，增二百六十。又度增四百四十，又度增千六十，又度增千八百六十，又度增二千八百四十，又度增四千，又度增五千三百四十，各為每度差，因累其差以遞加初數，滿百為分，分十為寸，各為每度晷差。又累其晷差，得戴日之北每度晷數。

戴日之北，每度晷數，大都是由实测得来。"南方戴日之下，正中無晷"，即《周髀算經》所谓：日下地，日在天顶，所以表下無晷影。自此以北，在一度得数1379，称为初数。以此为差数起点，每度增加一，加至二十五度而止。"计增26分"。因为起点，从0°至25°止，适增26分。

又从26度至40度，为每度增二，从41度至44度，为每度增3。（原文误为"每度增六"。）三项相加，即

$$26\times1+15\times2+4\times3=68$$

和术文"增六十八"相符。又从45度，为每度

增二，从51度至55度，为每度增七。从五十六度至六十一度，为每度增十九。三项相加，即

6×2+5×7+6×19=161（原文误作"终於六十度增百六十"）又从六十二度至六十五度，为每度增十三。从66度至70度，为每度增26度。从70度至71度，为每度增39，三项相加，得4×13+5×26+2×39=260。（原文误为三十三，"每度增三十六"）自72度以上，每度所增数，决不能如前此的仅适合於等差级数，乃係前後两度所增加数的差，成为等差级数。将各度差相加，即：

0+440+1060+1860+2840+4000+5340的级数，乃是二次差逐差法的级数。

今取其前後项各差数，列表如次：

5340			
4000	1340		
2840	1160	180	
1860	980	180	0
1060	800	180	0
440	620	180	0
0	440	180	0

从而得

$$260+180=440$$
$$440+(440+180)=1060$$
$$1060+(440+2\times180)=1860$$
$$1860+(440+3\times180)=2840$$
$$2840+(440+4\times180)=4000$$
$$4000+(440+5\times180)=5340$$

计共实测戴日北78°，分为两个阶段：第一阶段，自0°—72°，又分为三个项目，各项目内的度差各相等。第二个阶段中的度差，则均未以等差数。一行从实测材料中，用解析法，於无规律中求出规律来。当时，实为创见，难能可贵。既得戴日北各度差，乃累积加之，逐加入初数，先得晷差，然后再由等差级数以求总和，而得戴日北每度晷数。在计算中所得晷差及晷数，相当庞大。衍文规定"满百为分，分十为寸"，所生误差，仅在分的百分数内。

唐一行大衍厤資料

大衍厤術（二）

九、

各置其氣去極度，以極去戴日度五十六，反分八十二半減之，得戴日之北度數。各以其消息定衰，所直度之晷差，滿百為分，分十為寸，得每日晷差，乃遞以息減消加其氣初晷數，得每日中晷常數，以其日所在氣定小餘，爻統減之，餘為中後分，不足減，反相減為中前分，以其晷差乘之，如通法而一為度差，以加減中晷常數。〔冬至後中前以差減，中後以差加，夏至後中前以差加，中後以差減，冬至一日有減無加，夏至一日有加無減。〕得每日中晷定數。

術文敘述陽城每日中晷常數，及每日中晷定數的求法。"極去戴日五十六，反分八十二半"，即陽城的餘緯。

表中所列各气黄道去極度，各減以陽城餘緯度數，即得陽城各氣戴日北度數。

"各以其消息定衰所直度之晷差"。

例如：某氣後第某日与其去極度相当的消息定衰求得时，可得該度的晷差每日，亦即晷差。乃"遞以息減消加其氣初晷數"，即用等差级数，加減气初晷数，以得每日中晷常数，将其日所在定小餘和戈统（亦即半日法）比較。如定小餘大於半日法，则以半日法減定小餘，命为中后分，（即中午以后的日分）。如定小餘小於半日法，则从半日法減去定小餘，命为中前分。即：

通法（一日之日法）：晷差（一日的晷差）＝中前分或中后分：変差

以変差，加減中晷常数，得中晷定数。表中所載冬至后皆"息"，夏至后皆"消"。计稱晷差，"息減消加"，冬至后中前为息減，夏至后中前为消加。中后反是。冬夏至日，为息減消加开始的一日，一为有減无加，一为有加无減。

例如：试求陽城夏至日的中晷定数，先自夏至下黄道去極度，減去陽城餘緯，即由 $67°40'-56°82'.5=10°57'.5$，从前載日北每度晷数求法，知 $10°57'.5$ 的度差为1，晷差为 $1380+1\times 10°57.5+1=1389.575$，以1380为首项，1为公差，10.575为项数，作等差数，得 $10.575(1380+10.575/2)+1=10.575\times 1385.2875=14651.41$，即一尺四寸六分，5+1为陽城夏至日中晷常數。如欲求中晷定數，若定小修为23°，則直如表中所載中晷定數。如表中冬至下黃道去極度，为百十五度二十分，减去陽城修緯，得五十八度三十七分半。以求冬至日中晷常數，不和表中所记符合，近于戴日以北度數增加差數时，在第一阶段内，術文发生舛误。至於逐日晷數，術文指出"各以消息定衰所直度之晷差"。即以该消息定衰为对应度的晷差，亦即所求日的晷差。即以两定气间晷數之差，和对应的消息定衰作比例式。

消息定衰∶全部晷差＝所求日的消息定衰∶所求日的晷差

既得所求日的晷差，然後命差滿百为分，分滿十为寸，以之息减消加第一气初刻晷數，即得所求日中晷常數。

又置消息定衰，滿象積为刻，不滿为分，各遞以息減消加其氣初夜半漏，得每日夜半漏定數。其全刻以九千一百二十乘之，十九乘刻分从之，如三百而一，为晨初餘數。各倍夜半漏为夜刻，以减百刻，餘为晝刻，減晝五刻，以加夜（刻），即晝为見刻。夜为没刻，半没刻加半辰，起子初算外，得日出辰刻，以見刻加而命之，得日入。〔置夜刻五而一，得每更差刻，又五除之，得每筹差刻，以昏刻加日入辰刻，得甲夜初刻，又以更筹差加之，得五夜更筹所當辰，其夜半定漏，亦名晨初夜刻。〕

"夜半漏"即夜漏刻的一半。"置消息定衰"即"各以消息定衰所直日之刻差"的省略。与前求每日中晷常数，術同。先由比例求出相应数，再用法数四百八十除之，除出整数为刻，不尽为分。命为刻差，以之息减消加前氣初的夜半漏，得所求日的夜半漏。欲求晨初餘數，由比例式：

$$100\text{刻}:\text{夜半漏}^{\text{全刻}}=3040:\text{晨初餘數}$$

$$\text{夜半漏全刻}=\text{刻數}+\frac{\text{分}}{480}$$

$$\text{晨初餘數}=\frac{3\times3040\left(\text{刻數}+\frac{19\times\text{分}}{480\times19}\right)}{3\times100}$$

$$=\frac{9120\times\left(\text{刻數}+\frac{19\times\text{分}}{9120}\right)}{300}$$

即術文所謂："全刻以九千一百二十乘之，十九乘刻分从之，如三百而一。"

次述日出日没辰刻。

先倍夜半漏刻數，为夜间全刻。以一

晝夜百刻減去夜间全刻，得晝间刻數。

又因規定日出前、日沒後昏明刻數各二刻半，共五刻，在晝刻内減五刻，加入夜刻，餘下晝刻，称为见刻。加入夜刻，称为没刻。程从夜间子时起祘，半没刻加半辰，四刻又$\frac{80}{480}$，为日出辰刻。日出辰内，加入见刻，得日没辰刻。五除夜刻數，得五更各差刻。以五除五更各差刻數，得每筹差刻數。以昏刻加日入辰刻，得甲夜初刻。甲夜指夜半子正以前的夜。从甲夜初刻，加入更筹差刻，得五夜更筹所当辰刻。五夜以一夜分为五更而名。夜半漏以刻數计祘，晨前件數以日法计祘，故夜半定漏，亦称晨初夜刻。

又置消息定衰，满百為度，不满為分，各遞以息減消加氣初去極度，各得每日去極定數。

求每日黄道去極度法。

由消息定衰，求出度差。满百为度，不满为分。各遞以息減消加节氣初去極度，各得每日去極定數。

又置消息定衰，以萬二千三百八十六乘之，如萬六千二百七十七而一，為度差。差滿百為度，各遞以息加消減其氣初距中度，得每日距中度定數，倍之以減周天，為距子度。

求每日距中定數法。

16277：12386＝消息定衰：度差

以100除度差，遞以息加消減其氣初距中度。復倍距中度，以減周天，折半，得距子度。可參攷景初厤求昏明中星条。

置其日赤道日度，加距中度，得昏中星。倍距子度以加昏中星，得曉中星。命昏中星為甲夜中星，加每更差度，得五夜中星。

這是求每日昏曉及每更中星法。

把該日太陽所在赤道宿度，加距中度，得其日昏中星所在赤道宿度。又兩倍距子度，加昏中星所在赤道宿度，得曉中星所在赤道宿度。　命昏中星為甲夜中星，即為夜半前的昏中星，以五除夜漏全刻，得每更差度，遞加甲夜中星，得五夜中星。

凡九服所在，每氣初日中晷常數不齊，使每氣去極度數相減，各為其氣消息定數，因測其地二至日晷。〔測一至可矣，不必兼要冬夏。〕於其戴日之北，每度晷數中，較取長短同者，以為其地戴日北度數及分，每氣各以消息定數加減之。（因冬至後者每氣以減，因夏至後者每氣以加。）得每氣戴日北度數，各因所直度分之晷數，為其地每定氣初日中晷常數。（其測晷有在表南者，亦據其晷尺寸長短，与戴日北每度晷數同者，因取其所直之度，去戴日北度數，反之為去戴日南度（脫數字）然後以消息定數加減之。

這是九服所在每氣初日中晷常數求法。

九服解釋，见後：求九服蝕差条。九服所在，每氣初日常數不齐。可由該地每氣黄道去極度數相減。減餘之數，即称為消息定數。测該地的冬至或夏至，定其日晷，和前所述"戴日之北"度數，取其相同的晷數，得相同的戴日北度數及分，把已改成的相应消息定數，加減前氣，得後氣的戴日北度數及分。既得每氣戴日北度數及分，可由前戴日北度數，求出相当晷數，而为其地每定氣初日中晷常數。

若所在地为戴日之南，根据戴日北每氣晷數，反用为去戴日南度，以消息定數加減。至於該地中晷常數，求每日中晷定數。

二至各於其地下水漏，以定当处晝夜刻數，乃相減為冬夏至差刻，半之，以加減二至晝夜刻數，為定春秋分初日晝夜刻數，乃置每氣消息定數，以当处差刻数乘之，如二至去極差度四十七分八十而一，所得依分前後加減初日晝夜漏刻，各得餘定氣初日晝夜漏刻。

這是九服所在地晝夜漏刻求法。

"下水漏"即設水漏。"当处"即所在地。於一地置水漏，以測冬至二至晝夜漏刻。求出冬夏至的晝夜刻差數。春秋分距冬夏至，為冬夏至相距，日數之半，故差刻為二分之一。加減冬夏至晝夜刻數，得定春秋分初日晝夜刻數。

二至去極差：消息定數＝所在地差刻数

：所在地分前后所加減初日晝夜漏刻

此法適用於其餘各定氣，所謂：各得餘定氣初日晝夜漏刻。

置每日消息定衰，亦以差刻乘之，差度而一，所得以息減消加其氣初漏刻，得次日。〔其求距中度及昏明中星，日出入，皆依陽城法求之，仍以刻數求之，差度而一，為今有之數。）

這是推求次日晝夜漏刻法。

差度（二去極差）∶一日消息定衰

＝所在地差刻∶x（一日漏刻加減差）

求得x，以之息減消加其氣初漏刻，得次日漏刻。其如求距中度、昏明中星及日出入等，可依陽城法求之。再由比例法，以差刻乘，差度除，得所求。

若置其地春秋定日中晷常數，與陽城每日晷數。較其同者，因其日夜半漏，亦為其地定春秋分初日夜半漏，求餘定氣初日，亦以消息定數，依分前後加減刻分。〔春分後以減，秋分後以加。〕滿象積為刻。

這是求九服所在晝夜漏刻又一法。

先測春分定日中晷常數，和陽城每日中晷常數，比較。相同的，為這一日陽城的夜半漏，也即所在地春分初日的夜半漏。

求該所在地其餘各氣初日的夜半漏，即以象積為分母的消息定數，春分前加，春分后減；及秋分前減，秋分后加的規定，加減刻分，即得所求。

求次日，亦以消息定衰，依陽城術求之。(此術究理，大体合通。然高山平川，視大(疑日字误)不等，較其日晷，長短乃同。考其水漏，多少殊別。以茲參课，前術為審。

此術从理論上説，可以通用。惟遇高山平川，視日不等。但日晷长短，皆同。漏壺滴水多少，却有區別。這兩种方法，前術較後術為密。

六曰：步交会術

终數八億二千七百二十五萬一千三百二十二。

交终日二十七餘六百四十五秒千三百二十二。

以通法 3040，乘秒法 10000，復以除终數 827251322，得交终日

$$27\text{日}\frac{645\frac{1322}{10000}}{3040}$$

中日十三，餘千八百四十二秒五千六百六十一。

以 2 除交终日，得

$$13\text{日}\frac{1842\frac{5661}{10000}}{3040}$$

朔差日二，餘九百六十七，秒八千六百七十八。

以秒法乘揲法，減去終數，後以秒法乘通法，除之，得

$$2^{日}\frac{967\frac{8678}{10000}}{3040},$$

称为朔差日，等於朔望月減去交点月。

望差日一，餘四百八十三，秒九千三百三十九。

朔差日的二分之一，称为望差日。

$$1^{日}\frac{483\frac{9339}{10000}}{3040}。$$

望數日十四，餘二千三百二十六，秒五千。（原文误作五十。）

以二除朔望月，得：

$$14^{日}\frac{2327.5}{3040}=14^{日}\frac{2327\frac{5000}{10000}}{3040}。$$

交限日十二，餘千三百五十八，秒六千三百二十三。

中日減去望差日，即：

$$13^{日}\frac{1843\frac{5661}{10000}}{3040}-1^{日}\frac{483\frac{9334}{10000}}{3040}=12^{日}\frac{1358\frac{6323}{10000}}{3040}。$$

交率三百四十三，交數四千三百六十九。

交率、交數兩數值的关係，即交点月日數和食年日數的比。交率为月球自交点运行，返至原交点的日數；交數为太陽自交点运行，返至原交点的日數。這兩數值，为後世厤家所宗。

交秒法一萬。

以交數去朔積分，不尽，以秒法乘之，盈交數又去之，餘如秒法而一，為入交分，满通法为日，命日算外，得天正經朔加时入交汎日及餘。

终數原文误作交數。

朔積分为厤首冬至至天正十一月經朔前所積的日分。以終數減朔積分，即由朔積分減去若干倍交点月的積日分。減餘，与通分納子的交終相減，即

$$餘數-\frac{交終}{10000}=入交分。$$

入交分即入交汎日的通法分，以通法除之，得入交汎日。天正經朔，常有小餘。故術云：天正經朔加时入交汎日及餘。

因加朔差，得次朔，以望數加朔得望。若以經朔望小餘減之，各得夜半所入，累加一日，得次日，加之满交終去之。

从天正经朔加时入交汎日，月球再运行一个交点月，又一个朔差日，可得次朔的入交汎日。若由经朔月行望数 $14\frac{2327\frac{5000}{10000}}{3040}$，得经望的入交汎日。若从经朔望入交汎日，减去经朔望小馀，则入交汎日，有大馀而无小馀，得夜半所入。

又月球由此运行一日，得次日入交汎日，及夜半所入。所谓："累加一日得次日。"加一交点月，终而复始。所谓："加之满交终去之。"

各以其日入氣朓朒定數，朓減朒加交汎，為入交常日及餘。又以交率乘其日入轉朓朒定數，如交數而一，以朓減朒加入交常日為入交定日及餘。

這是朔望入交常日及入交定日的求法。

$$\text{入交常日} = \text{入交汎日} \pm \text{入氣朓朒}$$

$$\text{入交定日} = \text{入交常日} \pm \frac{\text{交率}}{\text{交數}}\text{入轉朓朒}$$

$$= \text{入交汎日} \pm \text{入氣朓朒} \pm \frac{\text{交率}}{\text{交數}}\text{入轉朓朒}$$

各如中日已下者，为月入陽厤，已上者去之，餘为月入陰厤。

计标月行入交，以月道降交点为起标点。

月道和白道相交，把天球上大圆弧分成两个半圆。在日道以南半圆，称为陽厤；以北半圆，称为阴厤。求月交入阴阳厤，须视朔望入交定日及餘。若在中日，即交点月的上半月，以下，月道降交点，未至昇交点，是月入阳厤。若在中日以上，月已过昇交点，入日道以北的半圆周，应减去昇交点以前的日数，得月入阴厤日数。

阴阳历

交月	加减率	阴阳積	月去黄道度
少阳 少阴	初百八十七	阳 阴 初	空
少阳 少阴	二加七十一	阳 阴 百八十七	一度六十七分
少阳 少阴	三加四十七	阳 阴 三百五十八	二度百一十八分
少阳 少阴	四加百一十五	阳 阴 五百五	四度二十五分
少阳 少阴	五加七十五	阳 阴 六百二十	五度二十分
少阳 少阴	六加二十七	阳 阴 六百九十五	五度九十五分
老阳 老阴	初减二十七	阳 阴 七百二十二	六度二分
老阳 老阴	二减七十五		
老阳 老阴	三减百一十五	阳 阴 六百九十五	五度九十五分

老阳 老阴	三减百一十五	阳 阴	六百二十	五度二十分
老阳 老阴	四减百四十七	阳 阴	五百五	四度二十五分
老阳 老阴	五减百七十一	阳 阴	三百五十八	二度一十八分
老阳 老阴	上减百八十七	阳 阴	百八十七	一度六十七分

這是求四象六爻每度加減分及月球去黄道度表。与乾象厤的阴阳厤表，意义相同。

惟乾象厤採用十二个整日，和一个分日；大衍厤則假借卦爻立説。一个卦有六爻，就把阴阳厤各半周天度數，均分为十二爻。每爻十五度，卦有阴阳，阴阳各有老少。表中"少陽初"，即易經的"初九爻"。（九为阳）"少阴初"即"初六爻"。（六为阴）"少阳二"即"九二爻"。"少阳上"即"上九爻"。"少阴上"即"上六爻"。"老阴初""老阳初"以下仿此。

這些卦象名词，与厤法无关。大衍厤故作神奇，賣野人头，坚决与人民为敌，故人惊而不惊。托名爻象，我们不能被他所迷惑。

月球在陽厤时，大衍厤把陽厤半周，分为少陽老陽二象。月球在陰厤时，把陰厤半周，分为少陰老陰二象。穿鑿附会，实為荒謬；可是当时士大夫都深信不疑，可見其流毒之深。今就表中陰陽積和加減率兩次，取其各次差，列表如下：

陰陽積	加減率（即一差）	二差	三差	四差
初	187	−16	8	0
187	171	−24	8	0
358	147	−32	8	0
505	115	−40	8	
620	75	−45		
695	27			
722				

从上表數值，可知陰陽積差，取至三次。大衍曆根據此表，用以計算月球去黃道度。

以其爻加減率，与後爻加減率相減為前差，又以後爻率与次後爻率相減為後差，二差相減為中差，置所在爻并後爻加減率，半中差以加而半之，十五而一，為爻末率，因為後爻初率，每以本爻初末率相減為爻差，十五而一，為度差，半之以加減初率，〔少象減之，老象加之。〕為定初率，每以度差累加減之，〔少象以差減，老象以差加。〕各得每歲加減定分，乃循積其分，滿百二十為度，各為月去黃道數及分。(其四象初爻無初率，上爻無末率，皆倍本爻加減率，十五而一，所得各以初末率減之，皆互得其率。)

這是求四象大爻每度加減分及月球去黃道度的計算法。

命本爻加減率為 F_1，

前爻加減率為 F_0，

後爻加減率為 F_2，

次後爻加減率為 F_3。

則：前差 $= F_1 - F_2$

后差 $= F_2 - F_3$

中差 $=$ 三次差 $= K$ 常數

"置所在爻并後爻加減率，半中差以加而半之，十五而一為爻末率，因為後爻初率。"即：

$$\text{本爻末率} = \frac{1}{15}\left\{\frac{\left(F_1 + F_2 + \frac{K}{2}\right)}{2}\right\} = \text{后爻初率} \cdots (A)$$

同理：

$$\text{前爻末率} = \frac{1}{15}\left\{\frac{\left(F_0 + F_1 + \frac{K}{2}\right)}{2}\right\} = \text{本爻初率} \cdots (B)$$

"每以本爻初末率相減，為爻差，十五而一為度差，半之以加減為率。(少象減之，老象加之。)為定初率。"

$$\frac{\frac{F_0-F_2}{2}}{15}=\text{爻差},$$

$$\frac{\frac{F_0-F_2}{2}}{(15)^2}=\text{度差}.$$

由此可得：

$$\text{定初率}=\frac{1}{15}\left(\frac{F_0+F_1}{2}+\frac{1}{2}\frac{k}{2}\right)\mp\frac{1}{(15)^2}\frac{1}{2}\frac{F_0-F_2}{2}$$

注说：“少象减之，老象加之”。顺数少象，逆数老象，加率和减率，均成对称。

“每以度差累加减之，各得每歲加减定分。”“每歲”歲字疑当为“度”字之误。

每度加减定分＝定初率 ± 度差

用三次差内插法计算：

$$f(x)=f(a)+\frac{1}{15}\left\{\Delta f(a)+\frac{14}{30}\left[\Delta f(a+\omega)-\Delta f(a)\right]+\frac{406}{675}\Delta^3 f(a)\right\}$$
$$=f(a)+\frac{1}{15}\left\{\frac{1}{2}\left[\frac{16}{15}\Delta f(a)+\frac{14}{15}\Delta f(a+\omega)+\frac{406}{1350}\Delta^3 f(a)\right]\right\}$$

一行算得本文初率 $\dfrac{\left(\frac{F_0+F_1}{2}+\frac{1}{2}\frac{K}{2}\right)}{15}$，令式中

$F_0=\Delta f(a)$，　$F_1=\Delta f(a+\omega)$，得：

$$\text{本文初率}=\frac{1}{15}\left\{\frac{1}{2}\left[\Delta f(a)+\Delta f(a+\omega)+\frac{1}{2}\Delta^3 f(a)\right]\right\}$$

以本爻初率为起标点，公式右边则无第一项。一行的计标式，故和内插公式相较，虽不符合，祇略有差異。

"乃循積其分，滿百二十为度，各为月去黄道數及分。"这是阴阳表数值的说明。例如：第二縱行第二横行187，以120为分母，满分母得1°，为1°及120分度之67。由此可知，大衍麻已粗知三次差内插法形式，并为元代麻学大家郭守敬用三次平立差的先导。

注说："其四象初爻無初率，上爻無末率，皆倍本爻加减率，十五而一，所得各以初末率减之，皆互得其率。"

可用上述(B)式说明。例如：式中无前爻F，倍本爻率以代 F_0+F_1，即得。上爻无末率，亦仿此。

各置夜半入轉，以夜半入交定日及餘减之。〔不足减加轉終。〕餘為定交初日夜半入轉，乃以定交初日与其日夜半入餘，各乘其日轉定分，如通法而一为分，滿轉法為度，各以加其日轉積度分，乃相减，所餘为其日夜半月行入阴阳度數。〔轉求次日，以轉定分加之。〕

這是朔望夜半月行入陰陽厤度數的求法。

说明首三句意义，先作两平行等长直线，如图：

$M \cdots\cdots M_{l+1}$ — M' — M_{l+2} — M_l — M_l — M_{l-3} — $\cdots\cdots$

M_{n-1} — M_{n-1} — M_n — M_n

$\omega \cdots\cdots \omega_{l+1}$ — Ω — ω_{l+2} — Ω' — ω_{l+3} — Ω_{n-1} $\cdots\cdots$

ω_{n-1} — Ω_n — ω_n

第一线 MM_n 表示从厤元经过若干个近点月，至所求定朔望夜半入轉；第一线 $\omega\omega_n$ 表示从厤元经过若干个交点月，至夜半入交定日及余。

图上 $M_{n-1}M_n = M_{l+2}M_{n+3} = \cdots\cdots$

$= \omega_{n-1}\omega_n = \omega_{l+2}\omega_{l+3} =$

均代表朔望月的一个整日，即自某日夜半至翌日夜半。$M\cdots\cdots M_l$，$M_{l+3}\cdots\cdots M_{n-1}$，

$\omega\cdots\cdots\omega_{l+1}$，$\omega_{l+3}\cdots\cdots\omega_{n-1}$，

均不相等。各等於若干倍朔望月的整日。

M' M_l M_{n-1} M_n 各点為近点月的日始点，

Ω_l Ω' Ω_{n-1} Ω_n 各点為交点月的日始点，

而 M' Ω' 为近点月及交点月初日开始点。

交点月的初日开始点，所謂"定交初日"。

而 $M'M_l = M_{n-1}M_n = \cdots \Omega_l\Omega' = \Omega'\Omega_{n-1} = \cdots\cdots$

亦各等於朔望月的一整日之長。

今由其朔望入近点月夜半入转日及余秒，减去和该日相应的夜半入交定日及余秒。自图视之，应从第一线上的 $m_{n-1}m_n$，减去第二线上 $\lambda_n w_n$，亦即由第二线 $w_{n-1}w_n$，减去 $\lambda_n w_n$，所余为 $w_{n-1}\lambda_n = w_{l+2}\lambda'$，为定交初日夜半入转。这是首二句的意义。

若 $M'm_n < \lambda_n w_n$，则在第一线上加一近点月，以减之。即注所言："不足减加转终"，"以定交初日与其日（入交定日）夜半入余，各乘其日（定交初日及入交定日）转定分。如通法而一。"用此例法，以求定交初日夜半入余，及入交定日夜半入余的转分 x，因转定分为朔望月一日的转分，通法为一日的日分，

故　通法：转定分＝定交初日或定交定日夜半入余：x

故　x＝转定分×夜半入余/通法

除得数若大于转法，则得若干度＋若干分＋剩余。

今由定交初日夜半入余所求出的，命为 x_1，由定交日夜半入余所求出的为 x_2，各加于定交日及入交定日的转积度分，并以后者减前者，所余相当于第二线上 $\lambda' w_n$ 间的月行度数，

即入交定日夜半月行阴阳度数，加入一日的转定分，得次日夜半入转度数。

以一象之度九十除之，〔若以少象除之，則兼除差度一，度分百之，大分十三，小分十四訖，然後以次象除之。〕所得以少陽、老陽、少陰、老陰、為次，起少陽算外，得所入象度數及分，〔先以三十乘陰陽度分，十九而一為度分，不盡以十五乘，十九除為大分，不盡者又乘又除為小分，然後以象度及分除之。〕

这是朔望夜半月行入四象度数的求法。

先置该朔或望日夜半入阴阳度数及分，命为

$$整度数+\frac{K}{3040}=整度数+\frac{\frac{K}{4}}{760}$$
$$=整度数+\frac{K'}{760}$$

月去黄道度，以120为分母，月入阴　阳度分，亦以120为分母，由此

$$\frac{K'}{760}=\frac{x}{120}$$

故 $x=\frac{3K'}{19}=K_1+\frac{K''}{19}$，此$K''$更以15乘而19除，得

$$K_1\frac{K''\times\frac{15}{19}}{19}=K_1+\frac{K_2\frac{K''}{19}}{19}$$

故 $\frac{x}{120}=\frac{K_1\frac{K_2\frac{K''}{19}}{19}}{120}=\frac{度分\frac{大分\frac{小分}{19}}{19}}{120}$

此式略小于原来的阴阳度数。

又少象＝象限所佔度数，算于月的平行度乘交终日及余秒的二分之一，即月行×13日$\frac{1842.5661}{3040}$。因上所求月入阴阳历度数比原来的较为微小，此处少象＝象所佔度数，亦应渐小。今月的平行用13日$\frac{7}{19}$，交终日的$\frac{1}{2}$，用13日$\frac{1842}{3040}$，则少象＝象限所佔度数

$$=13^{日}\frac{1842}{3040}\times13^{\circ}\frac{7}{19}=13\frac{460.5}{760}\times\frac{254}{19}$$

$$=181^{\circ}\frac{12874}{760\times19}=181^{\circ}\frac{676\frac{3}{19}}{760}.$$

化分数改用120为分母，即

$$\frac{676\frac{3}{19}}{760}=\frac{x}{120}，得$$

$$x=\frac{2028\frac{9}{19}}{19}=106\frac{14\frac{9}{19}}{19}$$

故 $\frac{x}{120}=\frac{106\frac{14\frac{9}{19}}{19}}{120}$ 此式略小于原来的少象所佔度分以下的数，和上所求阴阳度数比原来的略小相对应。算出度分106，与注中一致，大分14，小分9，而注中所说："大分十三，小分十四"，则不相符合，恐原注传写有误。这是就月所入阴阳历度数，大于二象限而言，在此例即以月所入阴阳历度，减去

$181^{\circ}106\frac{14\frac{9}{19}}{120}$ 得夜半月行入

第三象限度数。若月所入阴阳度数，小于两象限，则除以一象之度90°，兼除$106\frac{14音}{19}/12$。，可得入象度数，从少阳起稱，而一少陽、老陽、少阴、老阴为次序。

乃以之度十五除之，所得入爻度數及分。〔其月入少象爻之内，及老陽上爻之中，皆沿黄道，當朔望則有虧蝕。〕

将前项内求得入象算數，棄去整个象度數。如入象數已入第三象稱内，则棄去二个整象度數，从第三象度始点起，以一爻之度15除之，得所入第几爻度數及分。当朔望日，月行入少象初爻内及老象上爻中，则月的位置，和黄白道交点，甚相接近，几沿黄道，注中因说："有虧蝕。"

凡入交定（日）如望差已下，交限以上，為入蝕限。望入蝕限則月蝕，朔入蝕限，月在陰曆，則日蝕，如望差以下為交後，交限以上，以減交中，餘為交前，置交前後日及餘，通之為去交前後定分，十一乘之，二千七百四十三除為去交度數，不盡，以通法乘之，復除為餘。〔大抵去交十二度以上，雖入蝕限，為從交數微，光景相接，或不見蝕。〕

這是朔望求蝕限的方法。

先將入交定日及餘秒，斟酌以前历家所定，决定小於望差日 $1^{日}\frac{483\frac{9339}{10000}}{3040}$，或大於交限日 $12^{日}\frac{1358\frac{6822}{10000}}{3040}$，称為入蝕限。遇望入蝕限，有月蝕，遇朔入蝕限，月行在阴历时，则有日蝕。若所入蝕限，在望差日以下，则在交後，因望差日僅为1日有餘，月過交点，一日餘而就蝕象，故决定為交後。若所入蝕限，在交限以上，则在交前。因月过第一交点行十二日餘以上，接近第二中交点。所以，交中日减交限日以上的入交定日，决定在中交前。

入交定日，内含有入氣朓朒及入轉朓朒两项，以通法為分母的分數。今求"去交前後定分"，須將所求得的去交定日及餘秒，用整数带分数的通法分，改為以通法為分母的去交定分。術文又說："十一乘之，二千六百四十三除為去交度數不盡，以通法乘之，復除為餘"，這是什么理由呢？今設入交定日等於望差日以下入蝕限設想，先將望差日通為分數，得 $\frac{3523.9339}{3040}$，又以月的日平行 13.36875度，与分數相乘，得去交度數，即 $\frac{3523.9339}{3040}\times 13.36875=\frac{13.36875}{3040}\times 3523.9339$，但

$\frac{13.36875}{3040}=\frac{11.3\cdots\cdots}{2643}$ 求此式的近似值，并将右边分数的分子内，舍去小数点以下数，则原式＝

$3523.9339\times\frac{11}{2643}=14.^{\circ}7$度，此式表示和望朔差相当的入交前後定日，通为定分後，而得去交度数。若除出数但取整度数，则上式的形式 $14\frac{\text{不尽数}}{2643}$，这不尽数本以通法为分母的除出数，使它还原为馀数，须用通法乘，而以2643除，故術文说："不尽以通法乘之，後除为馀"。

又去交前後度在η以上，则日月两视半径不相接触，或月半径或地影半径跃入蚀限，不为光影相接而已。

望去交分七百七十九以下者，皆既；以上者，以定交分减望差，馀以百八十三约之，命以十五为限，得月蚀之大分。

這是求月蚀分的方法。

前项所求14°馀，是對部分食而言。此项则先求月食"皆既"的入限，即由望去交分779所见出，得

$\frac{11}{2643}\times779=3.3$度，這是"皆既"的去交度数限，望差的去交

分 3523.9339，既为部分食的入限，则在此两限间以求食分，为杨伟景初历以下所沿用。大衍历亦如此。定15为食分，可由望差所适的去交分，减此的去交分，即 3523.9339=15之，得之为183，術文故说："以定交分减望差，余以百八十三约之，得月蚀之大分。"由此方法以定食分15，实据杨伟的15度入食限，此例去交度增一度，则食分减少一分，可以推知。

月在阴历，初起東南，甚於正南，復於西南；月在陽历，初起東北，甚於正北，復於西北。其蝕十二分以上者，起於正東，復於正北。〔此据午正而论之，餘各随方面所在，準此取正。〕

這里叙述月蚀所起方位角的大概情形。

月蚀时月的黄经，和太陽的黄经相差180°。月食时不发生视差，月在陰历，则日在陽历，地居中间。从日光反射所生的地影，开始和月面相掩，術文说："初起东南"，指初虧方位，在月心的东南；其余所指，亦皆以月心为主。東西南北，是根据黄道的经纬度。以月实行度在春分点后90°(现行度),望时在子正时,则黄道经纬的东西南北,和地平经度相合,注中所谓:"此据午正而论之"。術文所说初虧、食甚、复圆各方位,未言求法,实际须用複杂计算,始得。《历象考成》第七卷《定月食方位篇》曾详述之。

凡月蝕之大分,五巳下,因增三;十巳下,因增四;十以上,因增五。其去交定分五百二十巳下,又增半,二百六十巳下,又增半;各爲汎用刻率。

這是求月食续续时刻的计算方法。

術文所说:对於部分食,只须求出食分,可得月食所需刻数,食分在五、十及十五以下,应加三、四及五刻於食分内,得汎用刻率。当月食"皆既"时的汎用刻率,为二十刻。月食已经"皆既",其去前後交定分,特为微小,即在和交点接近时所起的月食,採用最大的汎用刻率21刻。上论汎用刻率,适用於虧初、復末;但对於食甚的继续时间,術文未说,因食时月行有迟速的補正,须加入於汎用刻率内,始为定用刻率。这是所求的继续时间。至於定用刻率的求法,下面術文論日蝕时,讨論。

定氣	增損差	差積
冬至	增十	積初
小寒	增十五	積十
大寒	增二十	積二十五
立春	增二十五	積四十五
雨水	增三十	積七十
驚蟄	增三十五	積百
春分	增四十	積百三十五
清明	增四十五	積百七十五
穀雨	增五十	積二百二十
立夏	增五十五	積二百七十
小滿	增六十	積三百二十五
芒種	增六十五	積三百八十五
夏至	損六十五	積四百五十
小暑	損六十	積三百八十五
大暑	損五十五	積三百二十五
立秋	損五十	積二百七十
處暑	損四十五	積二百二十
白露	損四十	積百七十五
秋分	損三十五	積百三十五
寒露	損三十	積百
霜降	損二十五	積七十

立冬　损二十　積四十五
小雪　损十五　積二十五
大雪　损十　積十

此表差積以夏至为最大，增损差以芒種及夏至为最大，其餘与最大值对称。

差積	增损差	二差	三差
0			
	10		
10		5	0
	15		
25		5	
	20		
45			

表内任取連續四氣。例如：冬至、立春，將各氣下的增损差及差積，用逐差法写成上表，表内二次差均为5，三次差均为0；从而应用二次差内插法计算。表中所列各差積，是计算日蝕时用的一種必要因素。推算日蝕較月蝕为複杂，須加视差影响。日蝕时食分深浅，和观测者所在地有关。故推算日蝕，须知视差起因所在。凡在地面观测日月，必发生地半径差。這差就是人在地心观测，和在地面观测所生的差角。日月在地平线上，差角最大，漸次上昇，差角漸小。日月昇至天頂，差角为0。近代天文学计算，太

陽的视差为 8″.8（現行度），月球的地平視差为 57′3″。用简易计标，太陽的视差，不贸发生多大影响，可以略去。对於月的视差，实为计标日食的中心问题。在一行编写大衍历时，尚無視差观念，只知沿用皇極、麟德两历成法，加以实测改善，不知其原因所在，是大缺点。今将其理阐述如次：

假定观测者所测得月的天顶距为 z，月的视差为 H，地平视差为 H_0，由球面天文学计标：

$$H=H_0\sin z$$

$$\cos z=\sin\delta\sin\phi+\cos\delta\cos\phi\cos t$$

式中的 ϕ，δ 及 t，为观测地纬度、月的赤纬及时角。日食时日月的赤纬，约略相等，若观测地一定，则 z 的变化，和月日的赤纬及时角有关，即日食跟着太陽在一年中各节氣的赤纬变化，及时角有关。上表差積，只与各节氣有关，和时角却无涉。這是大衍历计标日食的缺点。

左圖所示：

II′为黄道

IM 为白道

M 为月在白道上的真位置

由於視差，人目觀测，见月在视白道I'M'的位置，而黄白道交点，同时由I移至I'。

若日蝕时入交定分，适在II'中间，月行虽在阴历，人目已見为陽历食

且视白道上入食限若对于阴阳历，为同一值，则白道上，入食限对于阴历大，对於阳历小。即对於阴历，将相应的II'量，加入於视白道上的入食限，对於阳历，应将这II'量减去。以上说明，就升交点说。至於降交点，结论相同。大衍历表内所列差積，与上述有关，其法以先求气日差積入手。

以所入氣并後氣增損差，倍大爻乘之，綜兩氣辰數除之，為氣末率。又列二氣增損差，皆倍大爻乘之，各如辰數而一，少減多，餘為氣差，加減末率。〔冬至後以差減，夏至後以差加。〕〔為初率〕倍氣差〔亦倍大爻乘之〕綜

兩氣辰數除為日差，半之，加減初末為定率，以差累加減氣初定率，（冬至後以差加，夏至後以差減）為每日增損差，乃循積之，隨所入氣日增損氣下差積各其日定數。（其二至之前一氣，皆後無同差，不可相并，各因前末為初率，以氣差冬至前減，夏至前加為末率。）

倍氣差下：六倍大支乘之，六字據旧唐书历志補入。

這是每日增損差及每日差積定數求法。

大衍厤步日躔说："求每日先後定數"如以增損差代盈缩分；第一註说："冬至後以差減，夏至後以差加"；及第二註说："冬至後以差加，夏至後以差減"代："至後以差加，分後以差減"；及"至後以差減，分後以差加"；前後術实相同。餘仿此。

陰厤蝕差千二百七十五，蝕限三千五百二十四，或限三千六百五十九，陽厤蝕限百三十五，或限九百七十四。

蝕差和前表II'相当，惟II'量跟着視差大小，而生变化，即与时角及氣節有关。大衍厤定為1275。或限，即去交定分。在或限时，日月在可蝕或或不可蚀之间。蚀限或或限，陰历大，陽厤小，因视差在阴厤小，而在阳厤大。一行尚不知这个理论，所定蝕限或限的去交数是从实测来的。

以蝕朔所入氣日下差積，陰厤減之，陽厤加之，各為朔定差及定限。

有蝕的朔，在所入氣下，有差積若干，减去阴厤蝕差，或加入陽厤蚀限，以之为阴阳厤蝕差，或蝕限的補正值，得蚀定差，及定限。日蚀在两定氣间，当使用插入法公式。

朔在陰厤，去交定分滿蝕定差已上者，為陰厤蝕，不滿者，雖在陰厤，皆類同陽厤蝕。其去交定分滿定限已下者的蝕，或限已下者或蝕。

這是求陰陽"的蚀""或蝕"说明。

的蚀即一定蝕；或蚀即蚀见或不见。

陰厤：蝕差、蚀限、或限；陽厤：蚀限、或限等除以度数，先以通法为分母除之，用食计算法

$$1275\times\frac{11}{2643}=5.031$$ 为陰厤蚀差，

同样计算，得蚀限 14°61 或限15°23；陽厤蝕限 0°56 或限 4°06

假定蚀朔日逢冬至，朔在陰厤，由前表冬

至下的積差為零，5°31即為朔定差，以減食限14°67，得9°36。若朔在陽厤，將5°31加入陽厤食限0°56，得5°87。实际视白道上所生蝕限，无甚大差。大衍厤计标，差变較大，因大衍厤计标时不考虑时角，这是它的粗疏地方。

阴厤蝕者，置去交定分，以蝕定差減之，餘百四以下者，皆蝕既；以上者以百四減之，餘以百四十三约之；其入或限者，以百五十二约之；半以下為半弱，半以上為半强，餘為日蝕之大分。其同阴厤蝕者，其去交定分，少於蝕定差六十以下者，皆蝕既；以上者，以陽厤蝕定限加去交分，以九十约之；其陽厤蝕者，置去交定分，亦以九十约之；入或限者，以百四十三约之；皆半以下為半弱，半以上為半强，命以十五為限，得日蝕之大分。

這是求日蝕分的方法。

自前述项目去交定分，定差，定限，比較，决定在阴阳厤，何者当食，何者不当食，用以计标食分。蝕在阴厤，以蝕定差減去交定分，減餘數小於104，為皆既食。

減餘數大於104，為郭分蝕。此例，應以143除，其入或限，应以152除。除出數有剩餘，在除數半以下，為半弱；在半以上，為半强。除訖，以之減限數15。減餘，即阴厤日蝕的大分。计算中，以143及152除，理由安在？这是由於计算月食，也将食分等分為15阶段，由下式决定：

$$\text{阴厤}\quad \frac{\text{蝕限}-\text{蝕差}-104}{143}=\frac{3524-1275-104}{143}=15$$

$$\text{或蝕}\quad \frac{3659-1275-104}{152}=15$$

$$\text{阳厤}\quad \frac{135+1275-60}{90}=15$$

$$\text{或蝕}\quad \frac{974+1275-60}{143}=15$$

上既就阴厤蝕，决定食分的等分阶段為15。就阳日厤蝕，得同样食分的等分阶段15。以之可推"同陽厤蝕"的食分。此例，設去交定分，小於蝕定差60以下，為阴陽蝕；大於60以上，以去交定分，和陽厤蝕定限相加，除以90，以推"陽厤蝕"，這以90除去交定分。陽厤而入或限，除以143，其除出数剩除以於除數之，為半弱；大於之為半强，以减15，得阳厤蝕的食分。

月在陰厤，初起西北，甚於正北，復於東北；月在陽厤，初起西南，甚於正南，復於東南。其蝕十二分已上，皆起於正西，復於正東。

這是求日蝕所起方位法。

以黄道經纬度為主，以日心為中心点。"初起西北……"即从日心所定的方位。计算見《厤象考成》上編第八卷《定日食》《方位篇》。大衍厤所說甚略，与景初厤同。

凡日蝕之大分，皆因增二。其陰厤去交定分，多於蝕定差七十已下者，又增三；十五已下者，又增半，其同陽厤去交定分，少於蝕定差二十已下者，又增半；四已下者，又增少，各為汎用刻率，置去交定分，以交率乘之，二十乘交數除之，其月道与黄道同名者以加朔望定小餘，異名者以减朔望定小餘為蝕定餘，如求發斂加时術入之，得蝕甚辰刻。

這是日蝕汎用刻率求法。和求月食时刻相同，只得大略刻數。在虧分食，即以食分為刻數，再加二刻。在皆既食时，食分為15，再加二刻，得汎用刻率17刻，同為皆既食，而視交点相近，即不可增加少许继续时间。六即阴厤蚀的去交定分，比定差多70以下，应加三刻，15以下，应加半刻於17刻内，共得20刻或17刻半。在阳厤，食或类似阳厤蚀时，若去交定分，比定差少20以下，应增半刻，少四以下，应增⅓刻，均属於汎用刻率。

求日月食食甚用刻，大衍厤在朔望以餘上，加補正值，求得食甚时刻。加减结果，称为蚀定餘，是一種日餘分，可由发敛加时術，改成时刻，得食甚时刻。

此处所谓月道和黄道，同名或异名，因黄赤道相交，黄道在赤道以北的部分为里，以南的部分为表。月道在黄道以北的部分为里，以南的部分为表。日和月同在表，或同在里，则为同名，否则为异名。

各置汎用刻率副之，以乘其日入轉損益率，如通法而一，所得應朒者，依其損益，應朓者，損加益減其副，為定用刻數，半之，以減蝕甚辰刻為虧初，以加蝕甚辰刻為復末。〔乙〕其月蝕置定用刻數，以其日每更差刻，除為更數，不盡，以每籌差刻，除為籌數，綜之為定用更籌，乃累計日入後至蝕甚辰刻，置之，以昏刻加日入辰刻減之，餘以更籌差刻除之，所得，命以初更籌算外，得蝕甚更籌，半定用更籌減之，為虧初，加之，為復末，按天竺得摩羅所傳斷日蝕法，日躔蝎車宮者的蝕，其餘據日所在宮，火星在前三及後五之宮，并伏在日下則不蝕，若五星皆見，又水在陰厤，及三星已上，同聚一宿，則亦不蝕。凡星与日別宮或別宿，則易斷，若同宿則難。天竺所云十二宮，即中國之十二次，蝎車宮者，降婁之次也。）

這是求虧初、復末继续时间的方法。虧初今称初虧，復末今称復圓。"副之"是計算定用刻數时，将汎用刻率數值，置在一傍，復以汎用刻率，乘其日入轉損益率，除以通法，得數，加入汎用刻率，得定用刻數。以式表之，即

$$\text{定用刻數}=\frac{\text{汎用刻數}+\text{汎用刻率}\times\text{入轉朓朒}}{\text{通法}}$$

$$=\text{汎用刻率}\left(1+\frac{\text{入轉朓朒}}{\text{通法}}\right)$$

上式加号，实際应用，朒时損为負，益为正，所谓："依其損益"；朓时損为正，益为負，所谓："損加益減。"朓朒所得定用刻數，法頗妥善。現代天文学用微分法计算日食延续时间，结果几与上式一致。所得定用刻數，是虧初至復末的延续时间，折半，即是虧初至食甚，或食甚至復末所需时刻，所谓："半之，以减蚀甚辰刻为虧初；以加蚀甚辰刻为復末。"注中前段，叙述月食虧初復末更筹數求法。古曆晝漏刻和夜漏刻，隨季节而異，以五除夜刻，分为五更；又以五除每更刻數，分为五筹，所佔刻數，亦各不同。月食时定用刻數，必在夜间，故该日

$$\frac{\text{定用刻數}}{\text{每更所佔刻數}}=\text{更數}+\frac{\text{不尽數}}{\text{每更所佔刻數}}$$

将不尽數，除以每筹所佔刻數，得筹數，由是得定用刻數的相当更筹數。於是累计日入後至蚀甚辰刻，以昏刻加日入辰刻减之，所得即自日没後至蚀甚时刻，故以每更差刻（即每更所佔时刻，以下仿此。）以每筹差刻遞除之，得蚀甚更筹數。命以初更筹算为起算点外，以"半定用刻數"代半定用更筹，加减蚀甚更筹，得虧初及復末更筹算。

注中後面，是一行説明天竺經推日蝕的方法。俱摩羅為天竺曆家，（原注作得摩羅，根據王振鐸説改正。）楊景風注宿曜經云："今有迦葉氏瞿曇氏俱摩羅氏三家天竺曆，並掌在太史閣，然今之用，多用瞿曇氏曆，與大衍曆相參供奉耳。"一行説俱摩羅所傳的推斷日食法，日在轉宮時，必蝕；（即一定蝕）日在其餘各宮，火星在前三宮，或後五宮，且伏在日下，則不蝕。若五星經天皆見，又水星在陰曆，及三星以上同聚一宿，亦不起蝕象。星和日不同在一宮，或一宿時，易於推斷日食；同在一宿時，推斷較難。皆屬迷信無稽之談。一行揭出，未加批判。

九服之地，蝕差不同。先測其地二至及定春秋中晷長短，與陽城每日中晷常數，較取同者，各因其日食差，為其地二至及定春秋分蝕差。

這是求九服所在地的蝕差法。

古時皇帝所治的疆域外，有侯服、甸服、要服等名稱，稱為九服。唐代在陽城以外地，都稱九服。各地蝕差不同，但以陽城為標準地點。先就九服各地，測其二至二分，

(皆定氣)中午晷影长短，与陽城比較。取其相同的，查前差積表，得各日差積，即为九服所在地二至二分的蝕差。

以夏至差減春分差，以春分差減冬至，各為率，并二率半之，六而一為夏率，二率相減，六而一為總差，置總差，六而一為氣差，半氣差以加夏率，又以總差減之，為冬率，(冬率即冬至率)每以氣差加之，各為每氣定率，乃循積其率，以減冬至蝕差，各得每氣初日蝕差。(求每日，如陽城法求之。若戴日之南，當計所在地，皆反用之。)

从九服所在地二至二分的蝕差，可求每氣蝕差。"六而一"指分至相距為六節氣。

令冬至蝕差－春分蝕差$=\Delta_1$

春分蝕差－夏至蝕差$=\Delta_2$

则夏率$=\frac{1}{6}\left(\frac{\Delta_1+\Delta_2}{2}\right)$

總差$=\frac{1}{6}(\Delta_1-\Delta_2)$

氣差$=\frac{1}{6^2}(\Delta_2-\Delta_1)$

冬率$=\frac{1}{6}\left(\frac{\Delta_1+\Delta_2}{2}\right)-\frac{1}{6}(\Delta_2-\Delta_1)+\frac{1}{2}\frac{1}{6^2}(\Delta_2-\Delta_1)$

用等間距二次差内插法计录：

将 Δ_1 及 Δ_2 代入二次差内插法公式，以 t 代式中的 n，得：

$$f(x)=f(a)+t\Delta_1+\frac{t(t-1)}{2}(\Delta_2-\Delta_1)$$

$$=f(a)+t\frac{\Delta_1+\Delta_2}{2}-t(\Delta_2-\Delta_1)+\frac{1}{2}t^2(\Delta_2-\Delta_1)$$

若以任何節氣的初日為起標点，上式右边无 $f(a)$ 项，从而冬率和 $f(x)$ 相一致，而

每氣定率 = 冬率 + 氣差

於是編積定率，以减冬至蝕差，得每氣初日蝕差。注說：若欲求九服所在每日蝕差，如陽城法，由前差積表，亦用二次差内插法，求每日差積，法同。若在戴日以南所在地，则反用此法。此為大衍曆推九服各地日蝕方法。

陽城在河南洛陽東南，北緯34°26′，如以為中晷標準，观测地若在南方北回歸線附近，或更南，則所求夏至日中晷影，是陽城所不能有的。是一大缺点，大衍曆前，无人考虑及此。元郭守敬因说：一行"始定九服交食之異"，這是可贵的。

七曰：步五星術

五星就是歲星（木星）、熒惑（火星）、填星（土星）、太白（金星）、辰星（水星），古称五緯星。

歲星終率百二十一萬二千五百七十九，秒六

終日三百九十八，餘二千六百五十九，秒六。

以通法 3040 除終率 $1212579\frac{6}{100}$，得終日及餘秒。

$$\frac{1212579\frac{6}{100}}{3040}=398^{日}\frac{2659\frac{6}{100}}{3040}$$

即今所称会合周期。

今将1971年《中国天文年历》中国科学院紫金山天文台编，科学出版社，355页《天象表》内说明一节，摘录於次，以相比較。

冲日和合日　行星视黄经与太陽视黄经相同的时候称为合日，相差180°的时候叫做冲日。内行星（水星和金星）的合日有上合和下合之分，上合是行星在太阳之后，即太阳在内行星与地球之间，下合反之。上合的时候，行星是顺行，即行星由西向东移动，下合时是逆行，即行星由东向西移动。行星相邻两次合日（或冲日）的平均间隔称为会合周期，根据行星的平均运动得出行星的会合周期如下：

水星	115.88日	土星	378.09日
金星	583.92日	天王星	369.66日
火星	779.94日	海王星	367.48日
木星	398.88日	冥王星	366.72日

由于轨道偏心率和摄动的影响，实际间隔与会合周期有一定的差异。

$$398\frac{2659\frac{6}{100}}{3040}$$

398.88

歲差三十四，秒十四。

歲星交差，和日躔術的歲差，意义相同。五星議所谓："各立歲差，以究五精运周二十八宿之度。"交差亦以通法为分母，即

$$交差=\frac{34\frac{14}{100}}{3040}$$

象算九十一，餘二百三十八，秒五十七，微分十二，爻算十五，餘百之十之，秒四十二，微分八十二。

在步交会術中，有象度數及分；和爻度數及分两项。此将周天分为四象，歲星入爻象算时，

由交差以定象度数。其法於策实内加歲星交差，以4除之，得象算

$$91\frac{238\frac{57\frac{12}{96}}{100}}{760}$$

理由在求"五星平合入四象"中说明。

又将一象算，分为六爻，其爻算为

$$15\frac{166\frac{42\frac{82}{96}}{100}}{3040}$$

熒惑終率二百三十七万一千三，秒八十六。
終日七百七十九，餘二千八百四十三，秒八十六。
變差三十二，秒二。
象算九十一，餘二百三十八，秒四十三，微分八十四。
爻算十五，餘一百六十六，秒四十，微分六十二。

鎮星終率一百十四萬九千三百九十九，秒九十八。
變差二十二，秒九十二。
象算九十一，餘二百三十七，秒八十七。
爻算十五，餘百六十六，秒三十一，微分十六。

以上三星，繞日軌道，都比地球为遠，称为外行星。火、土二星各法数名称，全与木星同，解釋因而从略。

太白終率百七十七萬五千三十，秒十二。
終日五百八十三，餘二千七百一十一，秒十二。
中合日二百九十一，餘二千八百七十五，秒六。
變差三十，秒五十三。
象算九十一，餘二百三十八，秒三十四，微分五十四。
爻算十五，餘百六十六，秒三十九，微分九。

辰星終率三十五萬二千二百七十九，秒七十二。
終日百一十五，餘二千六百七十九，秒七十二。
中合日五十七，餘二千八百五十九，秒八十六。
變差百三十六，秒七十八。
象算九十一，餘二百四十四，秒九十八，微分六十。
爻算十五，餘百六十七，秒四十九，微分七十四。

金、水二星繞日軌道，近代測定，在地球繞日軌道以内，稱為内行星，各法數中，比外行星多一"中合日"，等於"終日"的二分之一。

辰法七百六十，秒法一百，微分法九十六。

釋已見前。

置中積分，以冬至小餘減之，各以其星終率去之，不盡者返以減終率，餘滿通法為日，得冬至夜半後平合日算。各以其星變差乘積算，滿乾實去之，餘滿通法為日，以減平合日算，得入曆算數，皆四約其餘，同於辰法，乃以一象之算除之，以少陽、老陽、少陰、老陰為次，起少陽算外，餘以一爻之算除之，所得命起其象初爻算外，得所入爻算數。

首说"五星平合"；次说"五星平合入四象"；终说"五星平合入六爻"。推五星平合法，中积分即"策实"乘"积算"。（见步中朔术）术文所谓：用天正冬至小余，以减中积分，减余即为从历元起至所求年前一年十一月冬至前整个日算的通法分。包括天数个星终率，使之周而复始，必须弃去，剩余若干日的通法分，即星和太阳平合后至天正冬至前整个日算的通法分，将这整个日算的通法分，以减一个终率，为一个会合周期通法分内，减去整个日算的通法分，除以通法，便得冬至夜半后平合日算及余秒。倘有星变差，弃之，将变差乘以历元至冬至前積年數，後棄去若干倍乾实，餘數不滿乾实时，以通法除之，得若干日整日數及餘秒，以減平合日算，方得平合入曆算數及餘秒。餘秒是以通法3040為分母，改改為辰法760為分母，即

$$\frac{餘秒}{3040}=\frac{餘秒}{4\times 760}$$

術文所謂："皆四約其餘，日於辰法。"藉此以求象算各數。

假使歲星自曆元夜半冬至，和太陽会合後，翌年再与太陽会合。命翌年为所求年，将一个会合周期日數分成兩部分。一部分为冬至後所需日數，一部分为冬至前所需日數。平合日算，等於以会合周期日數減去冬至距前合日數，冬至後入象算的入曆積數，等於由平合日積減去由冬至距前合日數相当的交差，亦等於从会合周期，減去冬至距前合日數，再減去冬至距前合日數相當的交差。用逆推法。若求冬至前距前合的入曆象算，由会合周期，減去冬至後入象算數日數，即等於冬至距前合日數，加冬至距前合相当的交差日數，故若何想所求年為曆元的翌年，

计算中，積算为一。由是得：

中積－策实×積算＝策实＝1110343

爻差×積算＝爻差＝34.14

$1110343+34\frac{14}{100}=1110377\frac{14}{100}$＝四个象算的通法分

以通法除之，得：

$$\frac{1110377\frac{14}{110}}{3040}=\frac{277594\frac{28\frac{2}{4}}{100}}{760}=365\frac{194\frac{28\frac{2}{4}}{100}}{760}$$

＝四个象算

$$象算=91\frac{238\frac{57\frac{12}{96}}{100}}{760}$$

由象算，可求平合入四象。即以象算除平合入曆算數，除得數若不滿一，即為入少陽象算。若一加剩餘，為入老陽象算。若得二或三加剩餘，得少陰或老陰象算。術文所謂："以少陽、老陽、少陰、老陰為次。"

再求入爻算數，即以爻算除入象算數。若被除數小於除數，則入初爻。大於除數一倍或二倍以上，則入二三爻。其餘仿此。術文所謂："所得命起其象初爻算外。"

五星爻象厤

歲星	少陽 少陰	初	益七百七十三	進 退	積空
	少陽 少陰	二	益七百二十一	進 退	七百七十三
	少陽 少陰	三	益六百三十	進 退	千四百九十四
	少陽 少陰	四	益五百	進 退	二千一百二十四
	少陽 少陰	五	益三百三十一	進 退	二千六百二十四
	少陽 少陰	上	益百二十三	進 退	二千九百五十五
	老陽 老陰	初	損百二十三	進 退	三千七十八
	老陽 老陰	二	損三百三十一	進 退	二千九百五十五
	老陽 老陰	三	損五百	進 退	二千六百二十四
	老陽 老陰	四	損六百三十	進 退	二千一百二十四
	老陽 老陰	五	損七百二十一	進 退	千四百九十四
	老陽 老陰	上	損七百七十三	進 退	七百七十三

此表为岁星行经四象算中各爻的损益率，从而求所累积的進退数，分为老少陰陽四象。在少陽、老陽，其進退積为進；少陰老陰，進退積为退。各爻損益率，對於老陽、老陰初爻，進退数均为对称。

熒惑

象	爻	損益率	進退	積
少陽 少陰	初	益千二百三十七	進 退	積空
少陽 少陰	二	益千一百四十三	進 退	千二百三十七
少陽 少陰	三	益九百九十一	進 退	二千三百八十
少陽 少陰	四	益七百八十一	進 退	三千三百七十一
少陽 少陰	五	益五百一十三	進 退	四千一百五十二
少陽 少陰	上	益百八十七	進 退	四千六百六十五
老陽 老陰	初	損百八十七	進 退	四千八百五十二
老陽 老陰	二	損五百一十三	進 退	四千六百六十五
老陽 老陰	三	損七百八十一	進 退	四千一百五十二
老陽 老陰	四	損九百九十一	進 退	三千三百七十一

	老陽 老陰	五	損千一百四十三	進 退	二千三百八十
	老陽 老陰	上	損千二百三十七	進 退	千二百三十七
鎮星	少陽 少陰	初	益千六百八十四	進 退	積空
	少陽 少陰	二	益千五百四十四	進 退	千六百八十四
	少陽 少陰	三	益千三百三十	進 退	三千二百二十八
	少陽 少陰	四	益千四十二	進 退	四千五百五十八
	少陽 少陰	五	益六百八十	進 退	五千六百
	少陽 少陰	上	益二百四十四	進 退	六千二百八十
	老陽 老阴	初	損二百四十四	進 退	六千五百二十四
	老陽 老陰	二	損六百八十	進 退	六千二百八十
	老陽 老陰	三	損千四十二	進 退	五千六百
	老陽 老陰	四	損千三百三十	進 退	四千五百五十八

	老陽 老陰	五	損千五百四十四	進 退	三千六百二十八
	老陽 老陰	上	損千六百八十四	進 退	千六百八十四
太白	少陽 少陰	初	益二百五十五	進 退	積空
	少陽 少陰	二	益二百三十一	進 退	二百五十五
	少陽 少陰	三	益百九十八	進 退	四百八十六
	少陽 少陰	四	益百五十六	進 退	六百八十四
	少陽 少陰	五	益百五	進 退	八百四十
	少陽 少陰	上	益四十五	進 退	九百四十五
	老陽 老陰	初	損四十五	進 退	九百九十
	老陽 老陰	二	損百五	進 退	九百四十五
	老陽 老陰	三	損百五十六	進 退	八百四十
	老陽 老陰	四	損百九十八	進 退	六百八十四

	老陽 老陰	五	損二百三十一	進 退	四百八十六
	老陽 老陰	上	損二百五十五	進 退	二百五十五
辰星	少陽 少陰	初	益六百四十三	進 退	積空
	少陽 少陰	二	益五百八十五	進 退	六百四十三
	少陽 少陰	三	益五百一	進 退	千二百二十八
	少陽 少陰	四	益三百九十一	進 退	千七百二十九
	少陽 少陰	五	益二百五十五	進 退	二千一百二十
	少陽 少陰	上	益九十三	進 退	二千三百七十五
	老陽 老陰	初	損九十三	進 退	二千四百六十八
	老陽 老陰	二	損二百五十五	進 退	二千三百七十五
	老陽 老陰	三	損三百九十一	進 退	二千一百二十

老陽
老陰四損五百一　進
退千七百二十九

老陽
老陰五損五百八十五　進
退千二百二十八

老陽
老陰上損六百四十三　進
退六百四十三

自熒惑至辰星，其爻象曆，解釋和歲星爻象曆同。

以所入爻與後爻損益率相減為前差，又以後爻与次後爻損益率相減為後差，二差相減為中差，置所入爻并後爻損益率，半中差以加之，九之二百七十四而一，為爻末率，因為後爻初率，〔皆因前爻末率，以為後爻初率〕初末之率相減為爻差，倍爻差九之，二百七十四而一為算差，半之，加減初末，各為定率，以算差累加減爻初定率，〔少象以差減，老象以差加。〕為每算損益率，循累其率，隨所入爻損益其下進退積，各得其算定數。〔其四象初爻無初率，上爻無末率，皆置本爻損益率四而九之，二百七十四得一，各以初末率減之，皆互得其率。〕

解釋這段術文，先將歲星爻象曆，取其各

次差列表如下：

進退積	損益率（即一差）	二差	三差	四差
積空				
	773			
773		−52		
	721		−39	
1494		−91		0
	630		−39	
2124		−130		0
	500		−39	
2624		−169		0
	331		−39	
2955		−208		
	123			
3078				

观上表，知進退積取至三次而止。故求歲星軌線四象六爻每算損益及進退定數，应用三次差内插法，術文大部分与步交会術陰陽麻求四象六爻每度加减分及月去黄道度術相同。计算過程亦同。不同的為改陰陽積為進退積，改每度，为每算。前者爻差，分十五度。此则"倍爻差九之，二百七十四而一為算差。"即每一爻差分為 $15\frac{4}{18}$ 祘差。術言："循累其率，隨所入爻、……、各得其祘定數。"說明由交会術陰阳麻表每度加减定分的求法，求出每算損益率，即可應積该率，入其爻第某祘时，用以損

益其下進退積，得該示進退定數。注文最後一點与交会術不同的，是："皆置本文損益率，四而九之，二百七十四，得一。"術文"倍爻差"即在交会術中的爻差为 $\frac{2F_1}{2}\times\frac{1}{15}$，此例倍爻差为 $\frac{4F_1}{2}\times\frac{9}{274}$。

各置其星平合所入爻之算差，半之，以減其入算損益率，損者以所入餘乘差，辰法除并差而半之；益者半入餘乘差，亦辰法除，皆加所減之率，乃以入餘乘之，辰法而一，所得以損益其算下進退各為平所入定數。置進退數，〔金星則倍置之〕各以合下乘數乘之，除數除之，所得滿辰法為日，以進加退減平合日算，〔先以四約平合餘然後加減〕為常合日算。置常合日先後定數，四而一，以先後加常合日算，得定合日算。又四約　減盈縮分以定合餘乘之，滿辰法而一，所得以盈加縮減其定除，加其日夜半日度為定合加時星度。

首求平合入進退定數，次求常合日算及餘，次求定合日算及餘，最後求定合加时星度及餘。説明如次：

命平合所入爻損益率为F，前爻損益率为F。

$$算差=\left(\frac{9}{274}\right)^2\frac{F_0-F_1}{2}=D$$

半之，以减入算損益率，即

$$F_1-\frac{1}{2}\left\{\left(\frac{9}{274}\right)^2\frac{F_0-F_1}{2}\right\}=减率$$

皆加所减之率，即：

$$損者\left\{\frac{\frac{入餘\times D}{長法}+D}{2}+减率\right\}\frac{入餘}{長法}$$

今命長法$\times s=$入餘　$(s<1)$，得：

$$損者\quad s\times\left\{\frac{(1+D)s}{2}+减率\right\}$$

$$益者\quad s\times\left(\frac{D\times s}{2}+减率\right)$$

s为二次式，所以视为二次差内插法公式。以上二式，損益共乘下進退積，得平合入進退定數。可知一行亦用二次差内插法，以求進退定數。至於常合日算，按一行乘數及除數，可使计算简化，將合下乘數及除數入算，令：

除數：乘數＝進退定數：平合日補正值的長法分

補正值用辰法除之，方可進加退減平合日算，為常合日算。平合日小餘，以通法3040為分母。在加減前，以四除小餘，變為辰法分。

金水二星運行，較木火土三星複雜。據實測，金星應倍置進退定數。水星應三倍進退定數。所謂："金星倍置之"下，似應加"水星三倍之"一句。

五星運行不齊，先求補正值，使平合日算變成常合日算，再由常合變為定合。補正值基於太陽運行不齊，先置常合日算，在步日躔術表內，求出該日先後定數，（以通法為分母）以四除定數，改成以辰法為分母的補正值，先減後加常合日算，得定合日算。

日躔，求出定合日的盈縮分，作比例式：

3040：盈縮分＝定合小餘：補正值

$$補正值=\frac{定合餘\times盈縮分/4}{760}$$

補正值盈加縮減其定餘之，加夜半日度，即得定合加時星度及餘。

又置定合日算，以冬至大小餘加之，天正經朔大小餘減之，（其至朔小餘，皆先以四约之，若大餘不足減，又以爻數加之，乃減之。〕餘滿四象之策，除為月數，不盡者為入朔日算，命月起天正，日起經朔算外，得定合月日。〔視定朔与經朔有進退者，亦進減退加一日為定。〕

這是求定合月日法。

定合日祘，从冬至夜半後起祘。今以天正冬至大小餘加入，減去天正經朔大小餘，則定合日祘，改成以天正十一朔為起祘点。冬至及經朔小餘，皆须改以辰法為分母。先以四约小餘方合。

若大餘被減數小於減數，加一爻減之，即定合所入，退一爻。減餘日數及餘，滿若干个四象之策二十九及餘千六百六十三，得若干个月。不滿四象之策的餘數，為若干个整月外的入朔日祘及餘。此"定合月日"為自天正十一月日从經朔起祘。定朔与經朔有進退，当進減退加其日，已見景初曆注中。

置常合及定合應加減定數，同名相從，異名相消，乃以加減其平合入爻算，滿若不足，進退爻算，得定合所入，乃以合後諸變曆度累加之，去命如前，得次變初日所入。

求定合入爻限法。

所谓常合及定合应加减定数，求常合日限和定合日限时，求出的进加退减和先减後加的定数，两数符号相同则相加，所谓："同名相从"；符号相反则相减，所谓："异名相消。"用以加减其平合入爻限。若加後，满一爻限，则进一爻；减後少一爻限，则退一爻。所谓："满若不足进退爻限"。即为定合入爻限数及余。

发行初日入爻限求法。

所谓合後诸厤度，即後所列五星发行各项目内，自合後伏以下各段的诸发行厤度，以之递次加入"入合入爻限数及余"，得次发初日入爻数及余。所谓"去命如前"，即前所述满若不足，进退爻限之義。

如平合求進退定數，乃以乘數乘之，除數除之，各為進退變率。

发行初日入进退定数及进退变率求法。

先置发行初日入爻限数及余，求平合入进退定数，即为发行初日所入进退定数。使计算简化，则使发行初日所入进退定数，对於进退变率的比，等於相应段下除数对於乘数的比，以求出各進退変率。

五星變行日中率、度中率、差行損益率、麻度、（乘數除數）

便於理解，今將術文各項，依舊唐書麻志，改写如下表：

星名変行日 差行損益率	変行日中率 麻度	変行度中率 （変行乘數 変行除數）
歲星合後伏 先遲二日益疾九分	十七日三百三十二分 麻一度三百五十七分	行三度三百三十二分 （乘數三百五十 除數二百八十一）
前順 先疾五日益遲六分	一百一十二日 麻九度三百三十七分	行十八度六百五十六分 （乘數三百五十 除數二百八十一）
前留	二十七日 麻二度二百二十二分	（乘數二百六十七 除數二百二十二）
前退 先遲六日益疾十一分	四十二日 麻三度四百七十五分	退五度三百六十九分 （乘數四百七十 除數四百三十）
後退 先遲六日益遲十一分	四十三日 麻三度四百七十五分	退五度三百六十九分 （乘數五百一十 除數四百六十七）
後留	二十七日	

	厤三度二百二十分	乘數二百七十 除數二百二十二
後順	一百一十二日	行十八度六十五分
先遲五日益疾六分	厤九度三百三十七分	乘數二百六十七 除數二百二十七
合前伏	十七日三百三十二分	行三度三百三十二分
先疾二日益遲九分	厤一度三百五十八分	乘數三百五十 除數二百八十一

歲星在天球上運行，一个会合周期，古厤分为八个段目。

"合後伏"，星和太陽同黃經後，星为陽光所掩，人目不見。這現象约为17日，称为变行日中率，即那伏日的平均率。

今將表中，自合後伏至合前伏各段的日中率相加，得 $398^{日}\frac{664}{760}$。歲星終日为

$$398^{日}\frac{2659.06}{3040}=398^{日}\frac{664.765}{760}$$

若省去分子小數以下數，則各段相加數，和終日相同。

在合後伏17日有奇时间内，歲星共行$3\frac{332}{760}$度，称为变行度中率。

實行日中率和度中率，与冬至後平合日缺相連，即自冬至後平合日缺，加入合後伏的日中率及度中率，得次段目初日的日中率及度中率。以下諸段目仿此。

差行損益率，表示歲星运行的动态。所謂："先遲二日，益疾九分"，是說在初行时先遲，以後則二日疾九分。這種不等速行動，是以等差级数顯示的。级数项数为 $17^{日}\frac{332}{760}$，公差为 $\frac{9}{2}$，总和为 $1^{\circ}\frac{357}{760}=\frac{1117}{760}$，首项为 a，得公式如次：

$$18\frac{332}{760}\times\left(a+\frac{17\frac{332}{760}}{2}\cdot\frac{9}{2}\right)=\frac{1117}{760}$$

求得 a 後，可知歲星在合後伏间的运行過程。合後伏与入厤缺数相連，得合後伏厤度。

乃以"諸変厤度累加之"，得合後伏以下諸段目厤度。

一行当时求等差级数法，初求"每日差"，相当于级数的公差；次求"每日平行度分"，相当级数的中间项；次求"初末日行分"，相当於级数的初末项。其日定率相当於级数的项数。这就是"差行損益率"的由来。

次述麻度。将歲星所经过各段目的麻度相加，得 $33^\circ\frac{498}{760}$，和度中率的总和相等，并有下列等式的关係。

$$\text{合後伏：}\frac{33^\circ\frac{498}{760}}{398\frac{664}{760}}=\frac{1^\circ\frac{357}{760}}{17\frac{332}{760}}$$

$$\text{前順：}\quad=\frac{9^\circ\frac{337}{760}}{112}$$

$$\text{前留：}\quad=\frac{2^\circ\frac{220}{760}}{27}$$

$$\text{前退：}\quad=\frac{3^\circ\frac{475}{760}}{43}$$

餘如後退以後四个段目，和前退以前四个段目，互相对称。故其关係相同。

注中"乘數"，是各变行初日所入進退定數，改為進退变率时的乘除数。釋已见前。

综上所述，度中率改成度定率後，歲星经过各段目，由相应的等级差分数，所行度數和各段目"麻度"相等。所谓："以合後伏諸变麻度累加之，得次变初日所入"。故知歲星经過一个会合周期，由於前四个段目和後四个段目对称；前半周期所画軌迹，和後半周期所画軌迹，也对称。

熒惑合後伏	七十一日七百三十五分	行五十四度七百三十五分
先疾五日益遲七分	麻三十八度二百一分	乘數百二十七 除數三十
前疾	二百一十四日	行百三十六度
先疾九日益遲四分	麻百一十三度五百九十六分	乘數百二十七 除數三十
前遲	六十日	行二十五度
先疾日益遲四分	麻三十一度六百八十五分	乘數二百三十 除數五十四
前留	一十三日	
	麻六度六百九十三分	乘數二百三 除數五十四
前退	三十一日	退八度四百七十三分
先遲六日益疾五分	麻十六度三百六十七分	乘數二百三 除數四十八
後退	三十一日	退八度四百七十三分
先疾六日益遲五分	麻十六度三百六十七分	乘數二百三 除數四十八
後留	十三日	
	麻六度六百九十三分	乘數二百三 除數五十四 四十八

後遲	六十日	行二十五度
先遲日益疾四分	麻三十一度六百八十五分	乘數二百三 除數五十四
後疾	二百一十四日	行百三十六度
先遲九日益疾四分	麻百一十三度五百九十六分	乘數二百二十七 除數五十四
合前伏	七十一日七百三十六分	行五十四度七百三十六分
先遲五日益疾七分	麻三十八度二百一分	乘數百二十七 除數三十
鎮星合後伏	十八日四百一十五分	行一度四百二十五分
先遲二日益疾九分	麻四百八十分	乘數十二 除數十一
前順	八十三日	行七度二百四十一分
先疾六日益遲五分	麻二度六百二十三分	乘數十二 除數十一
前留	三十七日三百八十分	
	麻一度二百八分	乘數十 除數九
前退	五十日	退二度三百三十四分
先遲七日益疾一分	麻一度五百三十分	乘數二十 除數十七
後退	五十日	退二度三百三十四分

先疾七日益遲一分	麻一度五百三十一分	乘數五 除數四
後留	三十七日三百八十分	
	麻一度二百八分	乘數二十 除數十七
後順	八十三日	行七度二百四十一分
先遲六日益疾五分	麻二度六百二十三分	乘數十 除數九
合前伏	十八日四百一十五分	行一度四百一十五分
先疾二日益遲九分	麻四百八十分	乘數十二 除數十一
太白晨合後伏	四十一日七百一十九分	行五十二度七百一十九分
先遲三日益疾十六分	麻四十一度七百一十九分	乘數七百九十七 除數二百九
夕疾	行百七十一日	行二百六度
先疾五日益遲九分	麻百七十一度	乘數七百九十七 除數二百九
夕平行	十二日	行十二度
	麻十二度	乘數五百一十五 除數百五十六
夕遲行	四十二日	行三十一度
先疾日益遲十分	麻四十二度	乘數五百十五 除數百三十七

夕留	八日	
	麻八度	乘數五百一十五 除數九十二
夕退	十日	退五度
先遲日益疾九分	麻十度	乘數五百一十五 除數八十六
夕合前伏	六日	退五度
先疾日益遲十五分	麻六度	乘數五百一十五 除數八十四
夕合後伏	六日	退五度
先遲日益疾十五分	麻六度	乘數五百一十五 除數八十三
晨退	十日	退五度
先疾日益遲九分	麻十度	乘數五百一十五 除數八十四
晨留	八日	
	麻八度	乘數五百十五 除數八十六
晨遲行	四十二日	行三十一度
先遲日益疾十分	麻四十二度	乘數五百十五 除數九十二
晨平行	十二日	行十二度

	麻十二度	乘數五百一十五 除數百三十七
晨疾行	百七十一日	行二百六度
先遲五日益疾九分	麻百七十一度	乘數五百一十五 除數百五十六
晨合前伏	四十一日七百一十九分	行五十二度七百一十九分
先疾三日益遲十六分	麻四十一度七百一十九分	乘數七百九十七 除數二百九
晨星晨合後伏	十六日七百一十五分	行三十三度七百一十五分
先遲日益疾二十二分	麻十六度七百一十五分	乘數二百八十六 除數二百八十七
夕疾行	十二日	行十七度
先疾日益遲五十分	麻十二度	乘數二百八十六 除數二百八十七
夕平行	九日	
	麻九度	乘數四百九十五 除數百九十四
夕遲行	六日	行四度
先疾日益遲七十六分	麻六度	乘數四百九十六 除數四百九十五
夕留	三日	

	麻三度	乘數四百九十七 除數百九十六
夕合前伏 先遲日益疾三十一分	十一日 麻十一度	退六度 乘數四百九十八 除數百九十七
夕合後伏 先疾日益遲三十一分	十一日 麻十一度	退六日 乘數五百 除數百九十八
晨留	三日 麻三度	乘數四百九十八 除數百九十八
晨遲行 先遲日益疾七十六分	六日 麻六度	行四度 乘數四百九十七 除數百九十六
晨平行	九日 麻九度	行九度 乘數四百九十六 除數百九十五
晨疾行 先遲日益疾五十分	十二日 麻十二度	行十七度 乘數四百九十二 除數百九十四
晨合前伏 先疾日益遲二十二分	十六日七百一十五分 麻十六日度七百一十五分	行三十三度七百一十五分 乘數二百八十六 除數二百八十七

火木土是外行星，会合周期仅有一外合。星行速度遲於太陽。合後伏若干日，晨見東方。星距太陽漸遠，在太陽的後面；等到星与太陽衝後，又在太陽前面，并与之漸相近，作合前伏。故其各段對稱，只分前後二類。

金水二星的段目，金星為十四，水星為十二。金水為内行星，运行速度比太陽為大。自地面測之，有一内合和外合。自晨合（外合）伏後，經若干日，夕見西方。和太陽距離漸遠。行至留点，經若干日。退行又漸和太陽距離相近。經夕合前伏，和太陽内合。形成对称，星从逆順序运行，而再外合，成一会合周期。表中因將段目分為晨夕二類。先夕後晨。段目各項目名称，与歲星相同。

留　由于地球和行星繞日运动时运行速度和相对位置的不同，行星在天空的視运动有时顺行（自西向東），有时逆行。顺行和逆行之间有一个时刻行星看来是停留不动的，这叫做留。顺行而留，留后逆行叫做顺留，内行星发生在上合日以后，外行星发生在冲日以前；逆留是行星逆行而留，留后顺行，内行星发生在下合日以后，外行星发生在冲日以后。

各置其本進退変率，与後変率，同名者相消為差，在進前少，在退前多，各以差為加，在進前多，在退前少，各以差為減。異名者相從為并，前退後進，各以并為加，前進後退，各以并為減，逆行度率則反之，皆以差及并加減日度中率，各為日度変率。〔其水星疾行，直以差并加減度中率為変率，其日直因中率為変率，勿加減也。〕

求变行日度率法。

"本進退変率"，在上表内任取一段目，作為本段目，以本段目初日進退変率，和次段目初日進退変率，互相比較。設兩変率同為進或退，就是同名。同名則相減而為差。同名分為兩類。一為同為進変率，而前変率少於後変率；同為退変率，而前変率多於後変率时，則兩変率相減，所得差数，与付以加号。一為同為進変率，而前変率多于后変率时，同为退変率，而前変率少於後変率时，則兩変率相減後所得的差数，附以减号。設兩変率一為進，一為退，則為異名。異名相加而成并。異名亦分兩類。前為退変率，後為進変率，兩率相并，皆以加号。如前為進変率，後為退変率，兩率相并，皆以減号。若星在逆行时，須將加号改為減号，減号改為加号。計算既後，將差和并，備所作加或減号，加減日中率及度中率，得日度変率。這項补正值是各星自身运动速度不齐所生。術文所述，繁複。用今代数式計算，先將各項正負号帰納代数式中，只須"本進退変率与后進退率相減"一語，足以概括。計算亦常简化。注說：水星因疾行，這以差和并加減度中率為変率，日中率可不加減差及并，即以中率作変率，亦可。

以定合日与前疾初日，後疾初日与合前伏初日先後定數，各以同名者相消為差，異名者相從為并，皆四而一，所得滿辰法，各為日度，乃以前日度盈加縮減其合後伏度之變率，及合前伏前疾日之變率，亦以後日度盈減縮加其後疾日之变率，及合前伏前疾度之变率。（金水夕合反其加減，留退亦然。）其二留日之变率，若差於中率者，即以所差之數為度，各加減本疾度之变率（謂以所多於中率之數加之，少於中率之數減之，已下加減準此。）退行度之变率，若差於中率者，即倍所差之數，各加減本疾度之變率，〔其土木二星既無遲疾，即加減前後順行度之變率。〕其水星疾行度之變率，若差於中率者，即以所差之數為日，各加減留日變率，〔其留日變率，若少不足減者，即侵減遲變率。若多於中率者，亦以所多之數為日，以加留日變率。〕各加減變率訖，皆為日度定率，其日定率有分者，前後輩之。〔輩配也，以少分配多分，滿全為日，有餘轉配。其諸變率不加減者，皆依變率為定率。〕

求各変行日度定率法。

各星运行速度不齐一，与太陽每日运行的不齐一有直接关系。求変行日度方法，先以定合日与前疾初日入曆日的先後定數，作"同名者相消為差，異名者相从為并"的规定，继以後疾初日，与合前合伏初日的先後定數，作同样规定。先後定數原以通法為分母，此处改用辰法為分母。以四除之，方合。所谓："满辰法為日度。"即以辰法除之，方為日度。復以前日及度，盈加缩减其合後伏度的変率，及合前伏日和前疾日之变率，更以後所出的日及度，盈减缩加其合疾日之変率，及合前伏度和前疾度的变率，始为各变行日和变行度定率。为什么前者盈加缩减，後者盈减缩加呢？因前者先後數，在定合日以後；後者在定合日以前。符号恰好相反。金水二星，当夕合及留退，符号相反，更是显然。

二个留日的变率，若多於中率，即用所多數为度以加；若少於中率，即用所少數为度，以减本段目遲度的变率，方为度定率。退行度的变率，若多於或少於中率，即規定倍其所多或所少數为度。多则加，少则减。其本段目下疾度的变率，为度定率。木土二星，无前後遲及前後疾段目，可用加减前後行以代之。水星晨夕疾行段目，其疾行度的变率，若多於或少於中率，即用所多數或所少數为日，多则以加，少则以减留日变率，为日定率。留日变率若小於减數，则可越段以减遲日变率，亦得日定率。所谓"其日定率有分者，前後輩之。"是说：日定率含有日餘的例，当加减各变率时，前後各以日餘的少分，分配於多分，附辰法为日，尚有餘數，分配於诸变率，诸变率中有与中率相等的，无數可加，即依变率为定率。

置其星定合餘，以減辰法，餘以其星初日行分乘之，辰法而一，以加定合加時度，得定合後夜半星度及餘。〔自此各依其星計日行度所至，皆從夜半為始。〕

求定合後夜半星所在度法。

大衍步五星術中，以辰法為日法，以定合日日餘和辰法相減，減餘即定合後至夜半的日餘。由比例式：

辰法：初日行分＝定合後至夜半小餘：相当於该小餘的星行之分

以小餘相当的星行分，加入定合加时星所在度，得星定合後夜半星所在度及餘。以下計算星度，均依術文所說：皆从夜半為始。

各以一日所行度分，順加退減之，其行有小分者，各滿其法從行分，伏不注度，留者因前，退則依減，順行出虛，去六虛之差，退行入虛，先加此差。〔六虛之差，亦四而一，乃用加減。〕訖，皆以轉（疑為辰字之誤）法約行分為度分，得每日所至。〔日度定率，或加或減，益疾益遲，每日漸差，不可預定。今且略據日度中率，商量置之，其定率既有盈縮，即差數合隨而增損，当先檢括消息定率，与中率相較近者，因用其差，求其初末之日行分為主，自餘諸變，因此消息加減其差，各求初末行分，循環比較，使際会参合，衰殺相循，其金水皆以平行為主，前後諸變，準此求之，其合前伏雖有日度定率，因加至合而与後算不叶者，皆從後算為定，其初見伏之度，去日不等，各以日度与星辰相較，木去日十四度，金十一度，水土水各十七度，皆見，各減一度皆伏。其木火土三星前順之初，後順之末，及金水疾行留退初末，皆是見伏之初日，注厤消息定之，金水及日月度皆不注分。〕

求逐日夜半星所在法。

各以一日星行度分，順时则加，退时则減。"定合後夜半星所在宿次及餘"，加減後即各為每日星所在及餘。如星一日所行有小分时，小分满分母得行分一。在星合日的前後，"伏不注度，留者因前，退则依減。"和累初厤同。星順行而出虚宿，当減去四除後的六虚差數。退行而入虚宿，当加四除後的六虚差數。加減後，以辰法约行分为度。大段注文，都是说明星差时的規定法。注说：木火土运行的日定率及度定率，"或加或减益疾迟"，每日不能预定，姑就日中率及度中率，"言量置之"，以为根据。因定率有盈缩，就多所少的差数，随之增损。於无法中想出方法，先就诸变行定率，和中率相近的，加减其差，以为初日及末日行分，以之为主，其余诸变，都有相互关系，"因此消息，加减其差，"亦得初末日行分，使之精精合理化。所谓："际会参会，衰杀相循。"木火土三星，以中率为主，金水二星，有"平行"段目，以平行为主，用同法以求其前後诸变。在"合前伏"段目，同样有日度定率可循，然由计算至星与太阳会合时，每有与後算不合的地方，皆以後算为定率。又因各星光度不等，从而初见和伏的度数也不等。不能不将日度和星辰比较。例如：木星离开太阳十四度，始见，金星离开十一度已见。火土水三星，须各离十七度方见。若将以上所定度数，各减去一，各星都伏而不见。又木火土三星在段目内前顺的初日及後顺的末日，以及金火二星段目内疾行留的初末，和合前、合後伏及晨夕合前合後伏各段目相接，皆为見和伏的初日，麻中規定注明。所謂"注麻消息定之。"金水及日月度數，麻中規定不注。

置日定率減一，以所差分乘之為实，以所差日乘定日率為法，實如法而一為行分，得每日差。以辰法通度定率从其分，如日定率而一，為平行度分。減日定率一，以所差分乘之，二而一，為差率，以加減平行分。〔益疾者，以差率減平行為初日，加平行為末日；益遲者，以差率加平行為初日，減平行為末日。〕得初末日所行度及分，〔其差不全而与日相合者，先置日定率減一，以所差分乘之為實，倍所差日為法，實如法而一為行分，不盡者因為小分，然後為差率。〕

這段術文說明，先求"每日差"，次求每日"平行度及分"的方法。

"所差分"即星行入各段目初日及末日，星行分相差的分。"所差日"即星行入各段目初末相差的日數。"日定率"或"定日率"是星行該段所經日數，加減補正值後，所得真正日數。術文：先以所差日除所差分，得每日星行差，命之為 d，以日定率減一乘之。後命日定率為 n，則 $(n-1)\times d$ 相当於等差級數第 n 項的公差，再以定日率除，即

$\frac{(n-1)d}{n}$为行分，得每日真正差行分或每日差。又度定率为自段目初日至末日星行度数的总和。总结常是整度及以辰法为分母的行分。以辰法通总度数并入行分，该总结成为以辰法为分母的度分。更以日定率除而为每日星行平均度分。又另置日定率减一，以每日差乘之（指原文"以所差分乘之"句，"所差分"应改为"每日差"方合。旧唐书历志亦作"以差分乘之"。所谓"差分"，即每日星行所差度分。）将乘得数折半，而为差率，如段目中先迟后疾，即所谓益疾，则以差率减每日星平行度分，为初日星行度分，以差率加星平行度分，得末日星行度分，为初日星行度分，以差率加星平行度分，而得末日星行度分。如先疾后迟，即所谓益迟，应以差率加星平行度分，为星初日所行，以差率减星平行度分，为星末日所行。若所得星行分带有小分，注中所谓："其差不全，而与日相合"，则用上术"每日差"方法，作 $\frac{\text{所差分}}{\text{所差日}} \times \frac{(\text{日定率}-1)}{2}$ 除訖後，除不尽数，即令其带有小分，而作差率。

置初日行分，益遲者以每日差累減之；益疾者以每日差累加之，得次日所行度分。〔其每日差及初日行皆有小分。母既不同，當令同之，乃用加減。〕

求差行次日星行度分法，与求等差级数同。"初日星行分"相当于级数的首项。"每日差"相当于级数的公差。"末日星行分"相当于级数的末项。"益遲者"相当于递减等差级数；"益疾者"相当于递加等差级数。故求出等差级数第某项，即得第某日的星行分。所谓："以每日差累减，或累加，而递得次日所行度及分"。注中所说：其每日差及初日星行分，有不同分母的小分时，当齐分母，以施加减，与分命分法中加减全同。

其先定日數而求度者，減所求日一，以每日差乘之，二而一，所得以加減初日行分。〔益遲減之，益疾加之。〕以所求日乘之，如辰法而一，為度，不盡者為行分，得從初日至所求日積度及分。

求差行从初日至所求日積度及分法，与今等差级数中从初项至某项求总和同。如術文所説：命初日行分为 a，自初日至所求

日为 n，每日差为 d，则"减所求日一，得 $n-1$，以每日差乘之"，得 $(n-1)d$，"二而一，以加减初日行分"，得 $a\pm\frac{(n-1)d}{2}$ "以所求日乘之"，得 $n\left\{a+\frac{(n-1)d}{2}\right\}$

这和等差级数，自初项至第 n 项的总和相等。惟其所得数为行分，须以辰法除之，始得整度及以辰法为分母的行分。所谓："以辰法而一为度，……至所求日积度及分。"

若先定度数而返求日度者，以辰法乘所求行度，有分者從之，八之，如每日差而一為積，倍初日行分，以每日差加減之。〔益遲者加之，益疾者減之。〕如每日差而一為率，令自乘，以積加減之。〔益遲者以積減之，益疾者以積加之。〕開方除之，所得以率加減之。〔益遲者以率加之，益疾者以率減之。〕乃半之，得所求日數。〔開方除者，置所開之數為實，借一算於實之下，名曰下法，步之超一位，置商於上方，副商於下法之上，名曰方法，命上商以除實，畢，倍方法一折，下法再折，乃置後商於下法之上，名曰隅法，副隅并方，命後商以除實，畢，隅從方法，折下就除，

如前開之。〕

求差行先定度數逆求日數法，即前項目的遞求法。術文所說，繁複，不易了解；其計術實際仍是：以每日差為d，初日行分為a，將所求行度，用辰法通分，併入行分內，均以辰法為分母。命為K，"如每日差而一"，得積$=\frac{8K}{d}$，倍初日行分，以每日差加減之，如每日差而一，得率$=\frac{(2a\pm d)}{d}$"令自乘以積加減之，開方除之，所得以率加減之，乃半之。"得所求日數

$$n=\frac{\sqrt{\left(\frac{2a\mp d}{d}\right)^2\pm\frac{8K}{d}}\mp\frac{2a\mp d}{d}}{2}$$

$$=\sqrt{\left(\frac{2a\mp d}{2d}\right)^2\pm\frac{2K}{d}}\mp\frac{2a\mp d}{2d}$$

循術文計術，非常複雜。今解釋之，本項目為前項目的逆求，有n項等差級數，已知總和，求項數？等差級數公式為

$$\frac{1}{2}n\{2a+(n-1)d\}=K$$

K為總和，n為項數，a為首項，d為公差。d為正號，則為遞加等差級數；d為負號，則為遞減等差級數。

将前式整理之，得n的二次方程式

$$n^2 \pm \frac{2a\mp d}{d} \mp \frac{2K}{d}=0$$

解这二次方程式，得：

$$n=\sqrt{\left(\frac{2a\mp d}{2d}\right)^2\pm\frac{2K}{d}}\mp\frac{2a\mp d}{2d}$$

和一行所标一致，但遇加限数取上符号，遇减限数取下符号。由此可知在唐代已知二次方程式的解法，这个方法，应是一行首創。

注文说明古代开方的术语名称和计算过程。便于理解，今设实例以明之。

求 9025 的平方根？

先"置所开之数 9025 为实"，次"借一算于实之下，名曰下法"；又次"步之超一位"。所谓"超一位"，开方术中，从单位逆顺序数起，实数两位，开方得一位；实数三位或四位，开方得二位，以下仿此。小数开方，顺序从小数以下数起，实数二位或三位、四位，开一位或二位。若四位以上，亦循此规定增加。故实数三位或四位，所借一秭，应進二位，步於实数的百位下，即"步之超一位"。今就本例，置所借一秭於实数的百位下，商置90於实之上，副置90於实数之下，下法之上，名曰方法，亦名上商，并将90自乘以减实，即令上商90除实，除讫，倍方法180退一位，下法退二位，所谓："方法一折下法再折"。乃置次商5於下法之上，名曰隅法。副置隅法5，加入二倍方法，以次商5乘之，减实，（适尽）即所谓副隅Get方，命後商以除实。设在一般例中，减后尚有不尽余数，再依前法商之，所谓："隅从方法折下，就除如前商之"。以上所述，用文字而不用数式表达，嫌其烦屑。今用代数式开平方法，表之：

$$a+b=\sqrt{a^2+2ab+b^2}$$

便易了解。

五星前變入陽交為黃道北，入陰交為黃道南，後變入陽交為黃道南，入陰交為黃道北。〔洪〕金水二星，以夕為前变，晨為後变，各计其变行，起初日入交之秭，尽老象上交末秭之数，不满变行度常率者，因置其数，以变行日定率乘之，如变行度常数而一為日，其入变日数，与此日数已下者，星在道南北，依本所入陰陽爻為定，過此日數之外者，南北返之。）

五星每經一个会合周期，所画軌線，均分前後兩段行。一般情况，表中所列五星段行和五星爻象麻結合，星从前段行開始入陽爻，星在黄道北，其入陰爻，星應在黄道南；從而後段行入陽爻，星亦在黄道南，其入陰爻，星又在黄道北了。

金水二星，表内所列段行項目較多。晨夕兩種諸段行，較為複杂，也有方法，可以决定星在黄道南北的位置，各以其星开始入爻算起，迄至老象上爻末。其所行度數，若不滿麻度，用比例法，求出所經日數，即：

麻度：段行日定率＝今所行度數：今所行日數

此式即注中所説："因置其數，以段行日率乘之，如麻度而一為日。"若其入爻日數，在所求得之日已下，則星的位置，究竟在黄道南北与否？可照本項目所定星入陰陽爻方法决定之。若入爻日數，比之日數為多，則南北正相反。

我國古麻，將五星会合周期，分成段目，用等差級數，計算其不等速運动；和现代天文学以地心为坐標，用三角函數计算，途徑不同，所得結果亦有粗精之分。我們於此可作比較研究。